贮氢材料——La_2Mg_{17}的结构及性能研究

李霞 著

北京

冶金工业出版社

2015

内 容 提 要

　　本书基于新能源科技发展需求，对贮氢材料——La_2Mg_{17}进行研究。对贮氢合金的基本概念、贮氢原理、热点研究方向以及 La_2Mg_{17} 的晶体微观结构等方面进行了综合性介绍，对 La_2Mg_{17} 铸态合金的气态吸放氢性能、电化学性能和动力学性能进行了具体研究。

　　本书可作为新能源材料本专科课程学习参考用书，也可供相关领域研究人员阅读。

图书在版编目 (CIP) 数据

贮氢材料：La_2Mg_{17}的结构及性能研究/李霞著 . —北京：冶金工业出版社，2015.12
　　ISBN 978-7-5024-7144-6

Ⅰ.①贮… Ⅱ.①李… Ⅲ.①氢化物—功能材料 Ⅳ.①TB34

中国版本图书馆 CIP 数据核字 (2015) 第 303756 号

出 版 人　谭学余
地　　　址　北京市东城区嵩祝院北巷 39 号　邮编　100009　电话　(010)64027926
网　　　址　www.cnmip.com.cn　电子信箱　yjcbs@cnmip.com.cn
责任编辑　唐晶晶　美术编辑　彭子赫　版式设计　孙跃红
责任校对　郑　娟　责任印制　李玉山
ISBN 978-7-5024-7144-6
冶金工业出版社出版发行；各地新华书店经销；固安华明印业有限公司印刷
2015 年 12 月第 1 版，2015 年 12 月第 1 次印刷
148mm×210mm；3.875 印张；113 千字；113 页
22.00 元

冶金工业出版社　投稿电话　(010)64027932　投稿信箱　tougao@cnmip.com.cn
冶金工业出版社营销中心　电话　(010)64044283　传真　(010)64027893
冶金书店　地址　北京市东四西大街46号(100010)　电话　(010)65289081(兼传真)
冶金工业出版社天猫旗舰店　yjgycbs.tmall.com
　　　　　　　　　　　(本书如有印装质量问题，本社营销中心负责退换)

前　　言

随着化石能源的日益消耗和枯竭以及经济的迅速发展对能源需求的不断增加，发展新能源材料变得更加紧迫。氢的燃烧过程无毒、无味、无臭，产物只有水，没有二次污染，而且燃烧的热值是汽油的 3.5 倍，燃烧率为 100%。因此氢能被认为是绿色、环保、无二次污染的理想的清洁能源。氢气制取工艺简单，原材料储量丰富，但氢气的存储和运输限制了氢能的广泛应用。贮氢材料是目前氢能源存储的理想载体，它是一种在一定的温度和压力下可大量吸放氢的金属材料。因此研究高效、储量大的贮氢介质——贮氢材料尤为重要。

通常，贮氢材料的贮氢密度很大，比标准状态下氢密度高出几个数量级，甚至达到液态氢密度的 2.5 倍。固态的贮氢合金具有储运氢气轻便、安全、无爆炸危险、贮存时间长和无损耗等优点。贮氢材料不仅能为氢能汽车提供动力能源，也可以作为镍氢电池的负极材料，为混合动力汽车的电池提供理想的负极电极。镍氢电池具有能量密度高、安全性好、无污染、无记忆效应、价格便宜等优点，是目前最具发展前景的"绿色能源"电池之一。本书对镍氢电池的充放电原理，高比容量的 La_2Mg_{17} 镍氢电池负极材料的性能以及工艺影响、共掺杂影响、催化剂的影响分别进行了介绍。

本书共分为 8 章。分别对 La_2Mg_{17} 的结构特征、气态吸放氢性能和电化学性能进行描述。从贮氢材料的基本概念、贮氢原理、热点研究方向以及 La_2Mg_{17} 的晶体微观结构等方面开始综述；继而对 La_2Mg_{17} 铸态合金的气态吸放氢性能进行研究，基于其较弱的放氢性能，通过球磨工艺、Ni 的添加，以及催化剂等手段调控放氢性能；最后对 La_2Mg_{17} 贮氢材料的电化学性能和动力学性能进行研究，分别考察充放电比容量、容量保持率以及充放电动力学过程，并研究 Ni 粉的添加和纳米催化剂对电化学性能的影响。

本书根据作者的研究心得和科研成果，同时参考大量的相关资料和文献后撰写而成。撰写本书的过程中，得到了赵栋梁教授、张羊换教授的大力支持和帮助。同时也感谢杨泰、王平、张洁、张胤、袁泽明、刘生龙、许剑轶、胡锋、李一鸣、海涛、曹洪磊、牛芳和宫鹏飞的帮助。

由于作者能力所限，以及受快速发展的科研水平的影响，在书稿的编写内容和前沿性上有不妥之处，敬请各位读者批评指正。更希望以此书为交流平台，更多地与相关领域的学者深入探讨、促进该领域科技的进步。

作 者
2015 年 10 月

目　　录

1 贮氢材料

1.1 贮氢材料概述

随着天然化石能源的日益枯竭以及人类对资源无节制的开采导致能源急剧缺乏，据统计，目前的能源只够人类生活约一百年，因此开发新型可再生的能源已经是当今全球人类关注的热点问题。我国目前已经成为第二大能源消费国，巨大的能源消费规模和以煤为主的能源消费结构引起大量污染物排放，使环境不堪重负[1]。初步核算，2013 年中国一次能源消费为 28.524 亿吨油当量，占世界一次能源消费的 22.4%。其中，煤炭消耗占 67.50%，石油消耗占 17.79%，天然气消耗占 5.1%[2]。我国已成为世界能源消耗大国，石油消耗量居世界第二[3]。预计到 2020 年，石油、原煤和天然气的消耗量将分别达到 4.76 亿吨、29 亿吨和 2000 亿立方米[1]。如此巨大的能源消耗和与之伴随的污染物排放，不仅给能源本身带来很大的危机，也会给环境造成巨大的污染，使国家经济和能源双方面面临相当严峻的挑战。因此，在提高传统化石能源利用效率的同时，开发新型的、清洁的、可再生的、无污染的、储量丰富的、廉价支取的、无毒无害的新能源材料是建立资源节约型和环境友好型国家的必经之路，也是我国应对日益严峻的能源和环境问题的基本国策。

新能源的开发和利用迫在眉睫，氢能具有以下优点[4]：（1）氢在自然界中的含量非常高，据估计它构成了宇宙质量的 75%。由于氢气必须从水、化石燃料等含氢物质中制得，因此属于二次能源，是取之于水又还原为水的，取之不尽用之不竭的能源。（2）氢本身无毒，燃烧只是生成水和少量氮化氢。（3）燃烧热值高，每千克氢燃烧后的热量，约为汽油的 3 倍，酒精的 3.9 倍，焦炭的 4.5 倍。燃烧的产物是水，是世界上最干净的能源。（4）氢燃烧性能好，点燃快，与空气混合时，燃烧剧烈，燃点高，而且燃烧范围广。（5）氢气的导热性最好，其导热系数为 0.163W/(m·℃)，比常用的乙炔等燃气高出 10 倍左右，因此氢是一种非常好的传热载体。(6) 用途广泛，可直接用作发动机燃料、化工原料、燃料电池、结构材料等。(7) 氢有多种存在形式，如气态、液态或固态的金属氢化物，均能适应贮氢，运输和各种应用环境的不同要求。(8) 可作储能材料的介质，可经济、有效地进行运输。目前，氢能以其清洁、高效、安全和可持续的特点，已经在美国、日本、欧盟等国家和地区进入系统实施阶段。

然而，安全贮氢和输氢则是实现氢能利用的关键问题之一。氢能的储存和运输可以采用三种形态，如气态、液态和固态。但从安全和效益的角度讲，由于金属氢化物比气态氢和液体氢具有更高的贮氢密度，且安全稳定性高，因此固态贮氢变得更加安全可行。

固态贮氢材料的主要应用领域有氢能燃料电池材料和二次电池（镍氢电池）负极材料。资料显示[5]，目前全球 90% 的车载电池市场被镍氢电池（MH/Ni）所把持，而绝大部分 MH/Ni 电池的核心专利被日本掌握。镍氢电池性能稳定，技术成熟且已实现产业化，未来 5 年内将会成为国内新能源重点发展方向。提高 MH/Ni 电池综合性能和竞争力的关键在于不断研究和开发新型高储氢量的储氢合金电极材料，并进一步降低合金及其制备成本。日本政府提出，到 2020 年各类电动汽车占产量一半，全国建立快速充电站 5000 个，分散式充电设施 2000 个。美国总统奥巴马非常明确提出，到 2015 年在美国本土生产 100 万辆电动汽车。与此同时，各大汽车公司也将发展方向进行了调整：大众新能源汽车发展路线图中将汽车引擎也从石油逐步发展为电力牵引，把电动汽车作为公司发展的终极目标。通用汽车公司的发展规划从内燃机到混合动力，再到电能和氢能汽车。同样标致雪铁龙也将电动车视为发展的终极目标。假设到 2020 年，电池的容量能够提高 7 倍，那么电动汽车取代传统汽车的时代就到来了；如果电池技术比能量可以提高一倍，那么就可以替代传统汽车进入市场；如果提高到 3 倍，在中国电动汽车可以逐步实现取代传统汽车[6~8]。

因此电池的容量和综合性能的研究是直接影响氢能汽车和电动汽车实现应用的关键技术。在过去的 30 年中，几个基于可逆金属氢化

物的贮氢系统被评估应用于车辆[9]。这些贮氢材料主要涉及纯金属
（如 Mg），或更常见的，金属间化合物合金（如 $LaNi_5$，TiCrMn，Fe-
Ti）等。这些基于金属氢化物的贮氢系统通常在几个工业车辆中可以
可逆地存储和传递氢[10~12]。然而这些系统由于太沉重而无法应用于
当今的商用车市场。因此研发质量轻、比能量大的贮氢领域成为研究
者们大力研究的方向。在众多贮氢合金中，由于镁质量轻、资源丰
富、价格低廉和无污染而使镁基贮氢材料最有希望达到国际能源机构
（IEA）的质量贮氢量的标准，达到应用化的目的。镁在地壳层中含
量丰富，居第八位，约占地壳质量的 2.35%。而且，我国稀土
（RE）和镍（Ni）储量丰富，发展 La-Mg-Ni 系贮氢合金具有理论贮
氢量和资源优势，产业化前景十分乐观。

1.2　贮氢材料的组成

自 20 世纪 60 年代后期荷兰菲利浦公司[13]和美国布鲁克海文国
家实验室[10]分别发现了 $LaNi_5$、TiFe、Mg_2Ni 等金属间化合物的贮氢
特性以后，世界各国都在竞相研究开发不同的金属贮氢材料。

众所周知，在化学元素周期表中，除了惰性气体外，所有元素都
能与氢化合生成氢化物。但各种氢化物合成的难易程度及性能是不同
的。这些金属元素与氢的反应大致可以分为两大类：一种是容易与氢
反应，吸氢量较大，形成相对较稳定的氢化物，这类金属主要是第
ⅠA～第ⅤB 族金属，如 Mg、Ca、Nb、V、Ti、Zr、RE（稀土元素）
等，它们与氢反应后氢原子进入的位置是不同的，有的进入金属晶格
中，形成金属型氢化物；有的进入间隙位置，形成间隙型氢化物，有
的介于中间，形成过渡型氢化物。但通常这类金属的吸氢反应都是放
热反应（$\Delta H < 0$），我们把这类金属称为放热型金属。另一种金属与
氢的亲和力小，但氢原子很容易在其中移动，氢在这类金属中的溶解
度小，通常条件下不生成氢化物。这些元素主要是第ⅥB～第ⅧB 族
（Pd 除外）过渡族金属，如 Fe、Co、Ni、Cr、Cu、Al 等，氢一般以
H^+ 的形式进入这类金属中，形成间隙型化合物，该反应为吸热反应
（$\Delta H > 0$），我们把这类金属称为吸热型金属。

通常，用放热型金属来控制合金的贮氢量，这类金属是组成

贮氢合金的关键元素。而吸热型金属用于控制吸放氢反应的可逆性，起着调节生成热与分解压力的作用。目前所开发的贮氢合金，基本上都是将放热型金属与吸热型金属组合在一起。两者合理配合，就能制备出在室温下具有可逆地吸放氢能力的贮氢材料[11~13]。

1.3 贮氢合金的气态吸放氢机理

一般来说，氢与金属或合金的反应是一个复杂的多相反应，这个反应中吸氢过程主要分 3 步，具体反应过程如图 1-1 所示[12]。

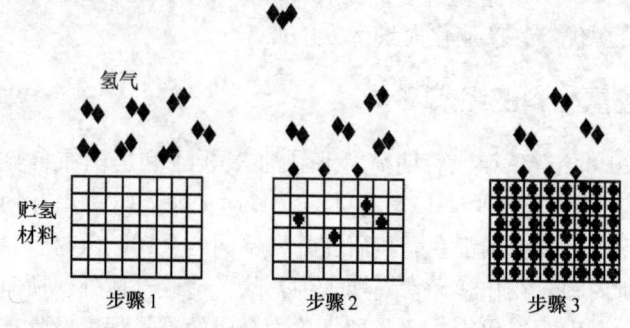

图 1-1 贮氢合金吸放氢过程示意图[12]

（1）氢在合金表面的吸附和分解。气态的氢分子分解成活性氢原子的同时，与金属或合金表面接触，并吸附在表面上，完成第一步的化学吸附。贮氢材料表面的催化活性决定该过程的动力学性能。

（2）氢的扩散。活性氢原子从吸附面继续向金属或合金内部扩散，占据半径较大的金属原子之间的间隙位置，从而形成 α 相固溶体。该过程的动力学性能主要受合金颗粒的性质，如表面钝化膜的厚度、合金的致密性、颗粒尺寸大小以及氢化物中的扩散系数等条件的影响。

（3）氢化物形成。当固溶体达到饱和，过剩的氢原子则与固溶体发生键合作用，金属或合金的晶格结构也随之发生变化，α 相开始

逐渐转变为氢化物 β 相，形成稳定的氢化物，吸氢过程达到饱和。该过程的动力学性能主要受 β 相的形核与生长速度制约。

贮氢材料是指在一定的温度和压力条件下，可逆的吸放大量的氢气。其气-固反应可表示为：

$$2M + xH_2 \rightleftharpoons 2MH_x + \Delta H \tag{1-1}$$

式中，M 为贮氢合金或金属；MH_x 为氢化物相（β 相）；ΔH 为氢化物生成焓或氢化反应热。贮氢材料的吸放氢反应必须是可逆反应，吸氢过程是放热反应，$\Delta H < 0$，而放氢过程则是吸热反应，即 $\Delta H > 0$。

此外，由于反应式（1-1）为可逆反应，在可逆过程中伴随着吸放热效应，不论是吸氢过程，还是放氢过程，都与系统的温度、压力及合金的组成有关。因此，贮氢合金-氢气的相平衡图可由压力-组成-等温线（即 $P\text{-}C\text{-}T$ 曲线）来表示，如图 1-2[14] 所示。

图 1-2 为贮氢合金吸放氢过程中理想的 $P\text{-}C\text{-}T$ 曲线和 Van't Hoff 曲线。在 $P\text{-}C\text{-}T$ 曲线中，横轴表示固相中的氢与金属原子比，纵轴表示体系中的氢压。$P\text{-}C\text{-}T$ 曲线不仅是衡量贮氢合金热力学性能的重要特征曲线，同时还可以利用它求出热力学函数。根据不同温度下贮氢合金的 $P\text{-}C\text{-}T$ 曲线，可以作出 $\ln P_{H_2}$ 与 $1/T$ 的关系图，即 Van't Hoff 曲线。根据其斜率，并结合 Van't Hoff 方程式（1-2）可求出反应焓

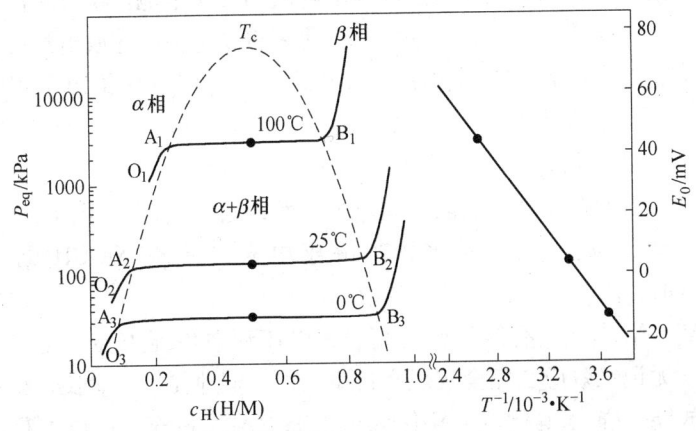

图 1-2　贮氢合金的 $P\text{-}C\text{-}T$ 曲线和 Van't Hoff 曲线

变（$\Delta H^{\ominus}$）和熵变（$\Delta S^{\ominus}$）。

$$\ln P_{H_2} = \frac{\Delta H^{\ominus}}{RT} - \frac{\Delta S^{\ominus}}{R} \tag{1-2}$$

金属氢化物的生成焓 $\Delta H^{\ominus}$ 和生成熵 $\Delta S^{\ominus}$ 对研究贮氢合金的反应可逆性，评估其吸氢量和放氢量具有非常重要的理论指导意义。焓变 ΔH 表示生成氢化物反应进行的趋势，其绝对值越大，平衡分解压就越低，生成的氢化物就越稳定，此类合金一般具有较高的吸氢量；而熵变 $\Delta S^{\ominus}$ 是形成氢化物的生成热，负值越大，氢化物越稳定。

总之，$\Delta H^{\ominus}$ 值的大小应该适当，第一要考虑合金的吸氢能力，如果合金无法进行吸氢反应，则不是贮氢材料。第二还要考虑合金的放氢能力，如果 $\Delta H^{\ominus}$ 值过大，合金的稳定性非常好，则不利于放氢，不放氢的材料也不是贮氢材料。而目前所有开发的贮氢材料的 $\Delta S^{\ominus}$ 值基本都为 $-125J/(molH_2 \cdot K)$ 左右[12]。因此，大多数贮氢材料的性能取决于 $\Delta H^{\ominus}$ 的值。

1.4 氢合金的电化学充放电原理

MH/Ni 电池是以贮氢材料为电池负极，$Ni(OH)_2$/NiOOH 为电池正极，以 6mol/L 的 KOH 水溶液为电解液的二次电池。这种二次电池利用与氢气反应过程中合金的电位变化来实现电池的充放电过程。为了更直观地表示 MH/Ni 电池的工作原理[15]，图 1-3 中给出了 MH/Ni 电池的工作原理示意图。从图 1-3 中可以看出，在充电过程中（图 1-3（a）），氢原子从正极 Ni（OH）$_2$ 上解离出来被负极合金吸收，并贮存到负极活性贮氢合金的晶格间隙中；而在放电过程中（图 1-3（b）），氢原子则从负极金属氢化物中解离出来与正极 NiOOH 结合形成 $Ni(OH)_2$。

MH/Ni 电池具有能量密度高、大电流充放电能力强、充放电效率高、无记忆效应、完全实现密封免维护、电池使用寿命长、耐过充和过放能力强[16]等优点。MH/Ni 电池充放电及过充、过放过程的电极反应如表 1-1 所示。

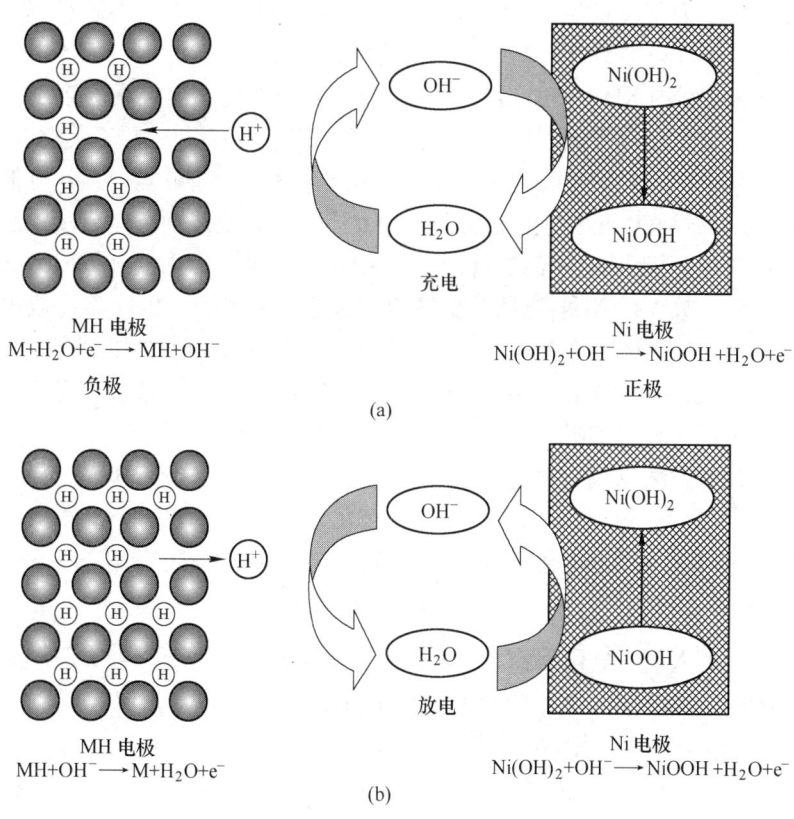

图 1-3 MH/Ni 电池工作原理示意图

（a）充电过程；（b）放电过程

表 1-1 **MH/Ni 电池电极反应**

形式	正极 Ni(OH)₂/NiOOH	负极 M/MH
充电/放电	$Ni(OH)_2 + OH^- \rightleftharpoons NiOOH + H_2O + e^-$ $\qquad$ $M + xH_2O + xe^- \rightleftharpoons MH_x + xOH^-$ 总反应 $\quad M + xNi(OH)_2 \rightleftharpoons MH_x + xNiOOH$	
过充	$4OH^- \rightarrow 2H_2O + O_2 + 4e^-$ $\qquad$ $2H_2O + 2e^- \rightarrow H_2 + 2OH^-$ 总反应 $\quad 2OH^- \rightarrow H_2 + O_2 + 2e^-$	
过放	$2H_2O + O_2 + 4e^- \rightarrow 4OH^-$ $\qquad$ $H_2 + 2OH^- \rightarrow 2H_2O + 2e^-$ 总反应 $\quad H_2 + O_2 + 2e^- \rightarrow 2OH^-$	

由以上反应步骤可以看出，电极材料本身不涉及任何溶解和沉积过程，因此电池具有较高的结构与化学稳定性。同时，电池工作中对电解液组分（KOH 和 H_2O）几乎没有额外的消耗，电解质的浓度保持不变，从而可实现 MH/Ni 电池的密闭性和免维护。在电池反应中，贮氢合金担负着贮氢和电化学反应的双重任务，由于贮氢合金具有催化作用，过充时正极上析出的氧气可在金属氢化物表面还原成水；过放时正极上析出的氢气又可被贮氢合金吸收，使容器内的气体压力保持不变，故 MH/Ni 电池具有良好的耐过充过放能力。但随着充放电循环的进行，贮氢合金逐渐失去催化活性，导致电池的内压升高。

由表 1-1 中的 MH/Ni 电池充放电反应可以看出，充电过程相当于贮氢电极材料的吸氢过程，吸收一个氢原子相当于得到一个电子，因此，氢化物电极的理论电化学容量可以用吸氢量 x（x = H/M，原子比）来表示。根据法拉第电解定律，AB_n 型贮氢电极材料，假如吸氢量为 x 时，其理论电化学容量（单位为 mA·h/g）可以表示为：

$$C = xF/3.6Mw \tag{1-3}$$

式中，C 为理论电化学容量；F 为法拉第常数，其值为 96485.3383 ± 0.0083C/mol；Mw 为贮氢材料的分子量。

如 La_2Mg_{17} 发生的吸氢反应[17]为：

$$La_2Mg_{17} + 20H_2 \longrightarrow 2LaH_3 + 17MgH_2 \tag{1-4}$$

根据公式（1-3），x = 40，可以计算出理论电化学容量为 1550mA·h/g。实际上，贮氢电极氢化物的实际放电容量均低于理论电化学容量，主要归因于电极的热力学稳定性、表面的电催化特性以及电池的工作条件如温度、压力及放电速率等因素。

参 考 文 献

[1] Zuttel A. Hydrogen storage methods[J]. Naturwissenschaften, 2004, 91: 157 ~ 172.

[2] http://finance. sina. com. cn/china/20120222/151211430896. html 中国节能产业网.

[3] http://www. qrx. cn/d. aspx? id = 223643.

[4] 胡子龙. 储氢材料[M]. 北京: 化学工业出版社, 2002.

[5] http://it. sohu. com/20100908/n274775106. shtml.

[6] Jacobs WD, Heung LK, Motyka T, et al. Operation of a hydrogen-powered hybrid electric

bus[C]. In: Proceedings of the future Transportation technology Conference & Exposition, Costa Mesa, CA, USA, August 1998.

[7] Fuchs M, Barbir F, Nadal M. Performance of third generation fuel cell powered utility vehicle #2 with metal hydride fuel storage[C]. In: Proceedings of the 2001 European Polymer Electrolyte Fuel Cell Forum, Lucerne, Switzerland, July 2 ~ 6, 2001.

[8] Heung LK, Motyka T, Summers WA. Hydrogen storage development for utility vehicles[R]. Tech. Rep. ; US Department of Energy report for contract no. DE-AC09-96SR18500; 2001.

[9] Zijlstra H, Westendrop M. Influence of hydrogen on the magnetic properties of $SmCo_5$[J]. Solid State Comm. , 1969, 7: 857 ~ 859.

[10] Reilly J J, Wiawall R H. Formation and Properties of Iron Titanium Hydride[J]. Inorg Chem, 1974, 13: 218 ~ 222.

[11] 徐光宪. 稀土 (下册)[M]. 北京: 冶金工业出版社, 1995.

[12] 大角泰章. 金属氢化物的性质与应用[M]. 北京: 化学工业出版社, 1990.

[13] 大角泰章. 水素吸藏合金的基础[M]. 大阪: 大阪科学出版社, 1997.

[14] Sehlapbaeh L, Zuttel A. Hydrogen-storage materials for mobile application[J]. Nature, 2001, 414: 353 ~ 358.

[15] Xiangyu Zhao, Liqun Ma. Recent progress in hydrogen storage alloys for nickel/metal hydride secondary batteries[J]. Int J Hydrogen Energy, 2009, 34: 4788 ~ 4796.

[16] Peter Kritzer. Separators for nickel metal hydride and nickel cadmium batteries designed to reduce self-discharge rates[J]. J Power Sources, 2004, 137: 317 ~ 321.

[17] Dalin Sun, Franz Gingl, Yumiko Nakamura, et al. In situ X-ray diffraction study of hydrogen-induced phase decomposition in $LaMg_{12}$ and La_2Mg_{17}[J]. J Alloys Compd, 2002, 333: 103 ~ 108.

2 镁基贮氢材料热点研究方向

近年来，人们对贮氢合金的关注度与日俱增，除了与国家对贮氢材料的重视以外，在日常生活中，也急切地需要更高性能的贮氢材料。贮氢合金目前主要用于可充电二次电池领域，以及新能源汽车领域，被称为是电动汽车用最成熟的电池，也是最有希望成为汽车动力电源的资源。

根据 MH/Ni 电池的工作原理和特点，作为负极材料的贮氢合金，主要具备以下条件[1]：（1）可逆贮氢量大，平台压力适中（10^{-4} ~ 10^{-1} MPa）；（2）在氢的阳极氧化电位范围内，具有较强的抗氧化能力；（3）在强碱性电解质溶液中，化学性质稳定；（4）在吸放氢过程中，体积改变小，抗碎裂性能好，不易粉化，循环稳定性好；（5）具有较高的电催化活性和较好的电极动力学性能；（6）合金的电化学放电容量高，使用温度范围宽；（7）原料来源丰富，价格低廉。

如果把组成贮氢合金的金属分为放热型金属（A）和吸热型金属（B），可将贮氢合金分为 AB_5 型稀土系合金，AB_2 型 Laves 相合金，V 基固溶体型合金，AB_3 型和 A_2B_7 型合金以及镁基合金。

2.1 Mg₂Ni 贮氢材料

镁价格低廉，资源丰富，镁合金密度小、贮氢量大（纯镁的理论贮氢质量分数达 7.6%，理论电化学容量 2200mA·h/g），吸放氢平台好，对环境友好，被认为是最有前途的机动车用电池负极材料。Mg_2Ni 是最典型和最理想的镁基贮氢材料，Mg 及其氢化物的结构如图 2-1[2]所示。镁氢化物 MgH_2 为四方晶系结构[3]，如图 2-1（b）所示，晶胞里有 2 个 Mg 原子，4 个氢原子，其中 2 个位于晶胞面上，另 2 个位于晶胞内。MgH_2 属于 P42/mnm 空间群，晶格常数为 a = 450.25pm，c = 301.23pm。Mg 原子占据 2a 位置，H 原子占据 4f 位置。Mg 处于由 6 个 H 形成的八面体的中心，Mg 与 4 个 H 距离为 194.78pm，与 2 个 H 距离为 194.82pm。Mg_2Ni 晶体为六方晶体，空间群为 P6222[4]，如图 2-2(a)所示。吸氢后，首先形成 a-$Mg_2NiH_{0.3}$，$Mg_2NiH_{0.3}$ 在结构上与 Mg_2Ni 一致，只是晶胞发生了微小的膨胀。Mg_2Ni 氢化形成 Mg_2NiH_4 则需要较高的温度和压强。在不同条件下可直接形成 LT-Mg_2NiH_4（低温型）和 HT-Mg_2NiH_4（高温型），如图 2-2(b)、图 2-2(c)所示。

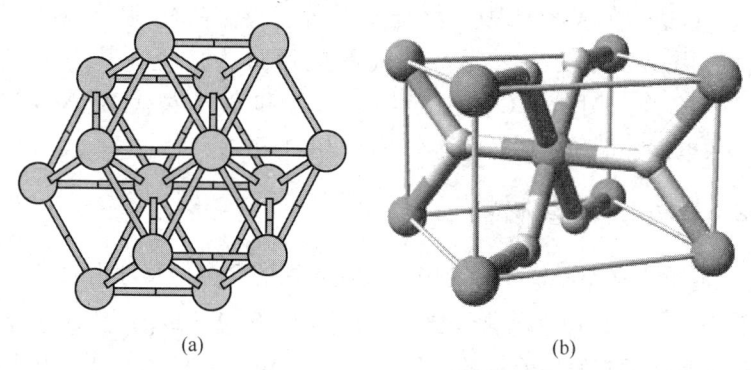

(a)   (b)

图 2-1 Mg 及其氢化物的结构图

(a) Mg 的晶体结构；(b) MgH_2 的晶体结构

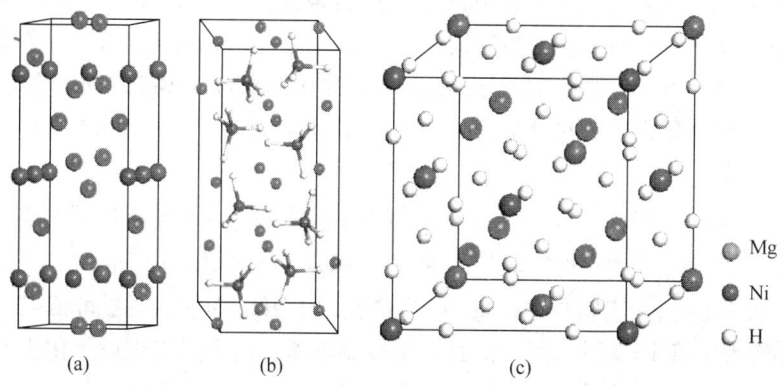

(a)   (b)   (c)

图 2-2 Mg_2Ni 及其氢化物 Mg_2NiH_4 的晶体结构图

(a) Mg_2Ni；(b) LT-Mg_2NiH_4；(c) HT-Mg_2NiH_4

　　鉴于以上诸多特点，许多研究人员对镁基合金进行了大量的研究[5]，但镁基合金在碱液中的抗腐蚀能力差，吸氢后的氢化物稳定性强，不易放氢而大大限制了其实际应用。在研究者们提出的众多改善方法中，将 Mg 基合金制备成非晶或纳米晶被认为是最具有发展前景的方法之一，因为非晶和纳米晶结构可以有效地提高合金的吸放氢动力学性能和降低放氢温度[6,7]。除此之外，镁基合金循环寿命较差是影响其实现应用的另一个关键问题，研究人员也就此采用了很多方法进行改进，如表面处理、复合合金化等[7~11]。在 Mg 基合金的电化学性能提高手段方面，元素替代的应用最为广泛。其中 Zr[12]，Ti[13]，Co[14]，Al[15]，Ce[16]，Y[17]，Ca[18] 和 Fe[19] 替代 Mg_2Ni 合金，对其放电比容量和循环寿命均有不同程度的影响。

2.2　La_2Mg_{17} 贮氢材料

　　La_2Mg_{17} 是 RE-Mg 系合金中最具代表性的合金，其理论贮氢量高达 5.5%[20~25]，理论电化学比容量高达 1550mA·h/g，且合金价格较低，是非常有发展前景的贮氢材料。La_2Mg_{17} 属 Th_2Ni_7 型六方密堆结构；晶格参数为 $a = 0.5017$nm，$c = 1.024$nm。H 或 C 等小原子进入 La_2Mg_{17} 间隙后，替代 $6h$ 位（x，$2x$，$1/4$），其中 x 约等于 0.82。其次替代位于六边形中的 Mg3 位。最后替代两个 Mg3 和两个 Mg4 原子以及顶部的 La1 和 La2 形成斜八面体。假如，H 进入 La_2Mg_{17} 晶格中，那么 Mg-H 和 La-H 间距将分别变成 0.215nm 和 0.299nm，伴随小幅度的晶胞体积增大。通过这种方法总结出，从结构占位角度来说，H 是可以存在于 La_2Mg_{17} 晶胞内的。

　　La_2Mg_{17} 在 350℃ 下吸氢量可以达到 1.7% ~ 3.1%（质量分数）之间[21,26,27]。活化性能较好，通常 1 ~ 2 次活化就能达到最大值，这主要是由于反应物（La_2Mg_{17}）与产物（LaH_3、MgH_2）之间相当大的热焓差值诱发引起的。但其放氢性能较差，这必然与生成氢化物的稳定性有直接关系。加入吸热型金属元素可以提高合金氢化反应的可逆性，因此研究者们在元素替代方面展开了大量的研究，并显著提高了合金的吸放氢动力学性能，尤其是放氢动力学性能。

参 考 文 献

［1］ Yongfeng Liu, Hongge Pan, Mingxia Gao, et al. Advanced hydrogen storage alloys for MH/ Ni rechargeable batteries［J］. J Mater Chem. , 2011, 21: 4743 ~4755.

［2］ http: //www. china5e. com/news/news-873981-1. html.

［3］ Mueller W H, Blackledge J P, Libowitz G G. Metal hydrides［M］. New York: Academic press, 1968.

［4］ Blomqvist H, Rônnebro E, Noréus D, et al. Competing stabilisation mechanisms in Mg_2NiH_4 ［J］. J Alloys Compd. , 2002, 268 ~332.

［5］ Liu C, Li F, Ma L P, et al. Advanced Materials for Energy Storage［J］. Advanced Materials, 2010, 22: E1 ~ E35.

［6］ Rongeat C, Roué L. On the Cycle Life Improvement of Amorphous MgNi-based Alloy for Ni-MH Batteries［J］. J Alloys Compd, 2005, 404 ~681.

［7］ Kalisvaart W P, Harrower C T, Haagsm J, et al. Hydrogen Storage in Binary and Ternary Mg-based Alloys: A Comprehensive Experimental Study［J］. Int J Hydrogen Energy, 2010, 35(5):2091 ~2103.

［8］ Denys R V, Riabov A B, Maehlen J P, et al. In Situ Synchrotron X-ray Diffraction Studies of Hydrogen Desorption and Absorption Properties of Mg and Mg-Mm-Ni after Reactive Ball Milling in Hydrogen［J］. Acta Materialia, 2009, 57(13):3989 ~4000.

［9］ Vojtěch D, Guhlová P, Mort'aniková M, et al. Hydrogen Storage by Direct Electrochemical Hydriding of Mg-based Alloys［J］. J Alloys Compd, 2010, 494(1-2):456 ~462.

［10］ Song M Y, Kwon S N, Bae J S, et al. Hydrogen-Storage Properties of Mg-23. 5Ni- (0 and 5) Cu Prepared by Melt Spinning and Crystallization Heat Treatment［J］. Int J Hydrogen Energy, 2008, 33(6):1711 ~1718.

［11］ Zhang Y H, Li B W, Ren H P, et al. An Electrochemical Investigation of Melt-Spun Nanocrystalline $Mg_{20}Ni_{10-x}Cu_x(x=0-4)$ Electrode Alloys［J］. Int J Hydrogen Energy, 2010, 35 (6):2385 ~2392.

［12］ Han S S, Lee H Y, Goo N H, et al. Improvement of electrode performances of Mg_2Ni by mechanical alloying［J］. J Alloys Compd, 2002, 330 ~332: 841 ~845.

［13］ Zhang Y, Zhang S K, Chen Li X, et al. The study on the electrochemical performance of mechanically alloyed Mg-Ti-Ni-based ternary and quaternary hydrogen storage electrode alloys ［J］. Int J Hydrogen Energy 2001, 36(8):801 ~806.

［14］ Bobet J L, Akiba E, Nakamura Y, et al. Study of Mg-M(M = Co, Ni and Fe) mixture elaborated by reactive mechanical alloying-hydrogen sorption properties［J］. Int J Hydrogen Energy, 2000, 25(1):987 ~996.

［15］ Wang L B, Wang J B, Yuan H T, et al. An electrochemical investigation of $Mg_{1-x}Al_xNi$

($x=0 \sim 0.6$) hydrogen storage alloys[J]. J Alloys Compd 2004, 385(1-2):304~308.

[16] Feng Y, Jiao L F, Yuan H T, et al. Effect of Al and Ce substitutions of the electrochemical properties of amorphous MgNi-based alloy electrodes[J]. Int J Hydrogen Energy 2007, 32(12):1701~1706.

[17] Khorkounov B, Gebert A, Mickel Ch, et al. Improving the performance of hydrogen storage electrodes based on mechanically alloyed $Mg_{61}Ni_{30}Y_9$[J]. J Alloys Compd 2007, 458(1-2): 479~486.

[18] Takasaki A, Sasao K. Hydrogen absorption and desorption by $Mg_{67-x}Ca_xNi_{33}$ powders prepared by mechanical alloying[J]. J Alloys Compd, 2005, 404~434.

[19] Guo J, Yang K, Xu L Q, et al. Hydrogen storage properties of $Mg_{76}Ti_{12}Fe_{12-x}Ni_x$ ($x=0$, 4, 8, 12) alloys by mechanical alloying [J]. Int J Hydrogen Energy, 2007, 32(13): 2412~2416.

[20] Dalin Sun, Franz Gingl, Yumiko Nakamura, et al. In situ X-ray diffraction study of hydrogen-induced phase decomposition in $LaMg_{12}$ and La_2Mg_{17}[J]. J Alloys Compd, 2002, 333: 103~108.

[21] Khrussanova M, Pezat M, Darriet B, et al. Le Stockage de l 'hydrogdene par les alliages La_2Mg_{17} et $La_2Mg_{16}Ni$[J]. Journal of the Less-Common Metals, 1982, 86: 153~160.

[22] Mustafa Anik. Improvement of the electrochemical hydrogen storage performance of magnesium based alloys by various additive elements [J]. Int J hydrogen energy, 2012, 37: 1905~1911.

[23] Jing Liu, Xu Zhang, Qian Li, et al. Investigation on kinetics mechanism of hydrogen absorption in the La_2Mg_{17}-based composites [J]. Int J hydrogen energy, 2009, 34: 1951~1957.

[24] Chen C P, Liu B H, Li Z P, et al. The activation mechanism of Mg-based hydrogen storage alloys[J]. Phys. Chem. N. F. 1993, Bd. 181: 259~267.

[25] Uchida H, Ozawa M. Kinetics of hydrogen absorption by $LaNi_5$ with oxide surface layer[J]. Z. Phys. Chem. N. F. 1986, Bd. 147: 77~88.

[26] Seishi Yajima, Hideo Kayano, Hideo Toma. Hydrogen sorption of La_2Mg_{17}[J]. Journal of Less-Common Metals, 1977, 55: 139~141.

[27] Slattery D K. The hydriding-dehydriding characteristics of La_2Mg_{17}[J]. Int J Hydrogen Enery, 1995, 20(12):971~973.

3 高容量 La_2Mg_{17} 贮氢材料结构与性能

3.1 La_2Mg_{17} 贮氢材料的结构

3.1.1 材料的相结构

La_2Mg_{17} 合金制备过程为：选择原料纯度分别为 $w(La) \geqslant 99.6\%$，$w(Mg) \geqslant 99.9\%$。各元素按摩尔计量配比，其中 Mg 在高温下较易挥发，故增量质量分数 8%。将以上纯金属称取总质量 1kg 置于坩埚中，在中频感应炉内熔炼，熔炼温度为 1100℃，时间为 20min。为防止 Mg 在熔炼过程中挥发，施以 0.04MPa 的氩气保护，合金锭反复熔炼 3～4 次以确保成分均匀，然后将合金经铜模浇铸得到 La_2Mg_{17} 合金锭。

铸态 La_2Mg_{17} 合金的 XRD 衍射谱图如图 3-1 所示。从图 3-1 中可以看出，其晶体成型良好，只有单相 La_2Mg_{17} 相[1]。

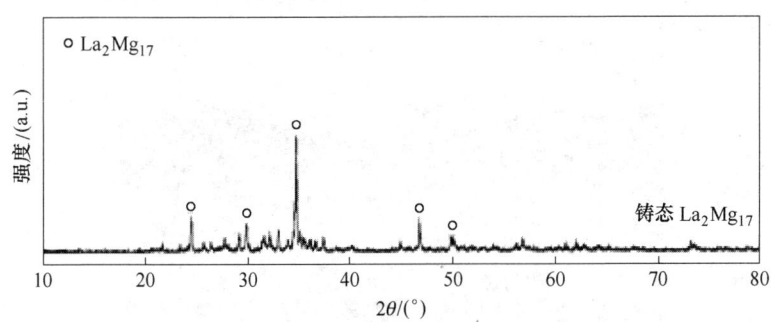

图 3-1 铸态 La_2Mg_{17} 材料的 XRD 图谱

3.1.2 晶体结构

La_2Mg_{17} 属 Th_2Ni_{17} 型六方密堆结构；晶格参数为 $a = 0.5017nm$，$c = 1.024nm$；晶体结构示意图如图 3-2 所示[2]。

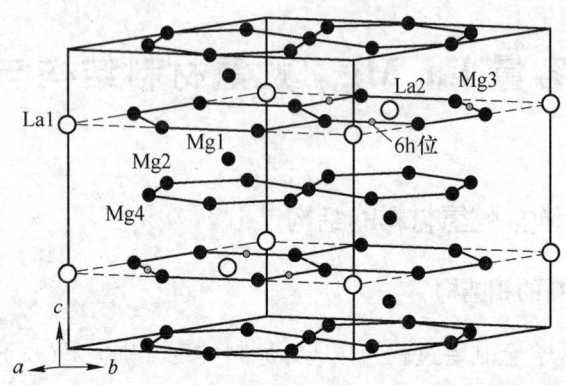

图 3-2 La$_2$Mg$_{17}$的晶体结构图

3.1.3 表面形貌

图 3-3 为铸态 La$_2$Mg$_{17}$材料微观结构 SEM 图和选区的 EDS 分析图。从图中可以看出，熔炼过程中，晶相成型较好，但是伴有团聚现象。文献 [3] 中铸态 La$_2$Mg$_{17}$ 的 SEM 图如图 3-4 所示，其结果与本节结果十分相近。

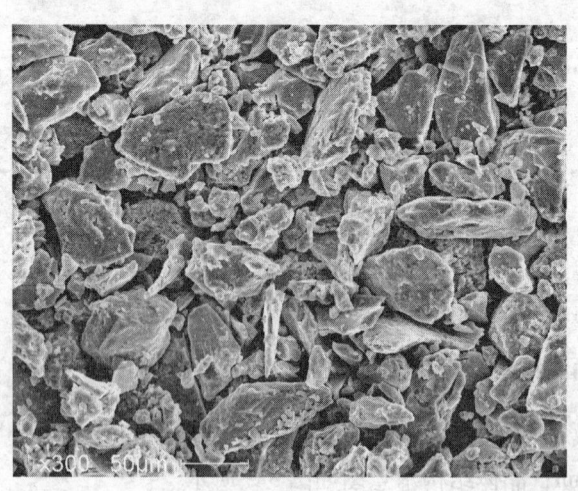

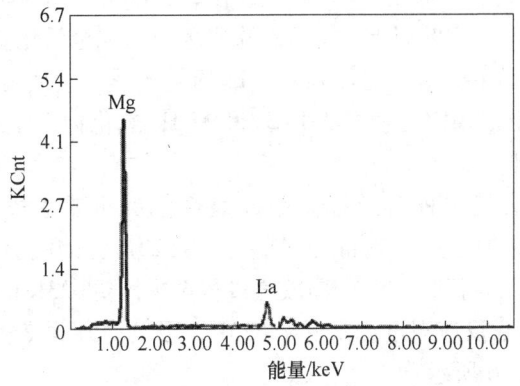

图 3-3　铸态 La₂Mg₁₇材料的 SEM 图和选区 EDS 成分分析图

图 3-4　铸态 La₂Mg₁₇材料的 SEM 形貌图

3.2　La₂Mg₁₇基材料气态贮氢性能

3.2.1　La₂Mg₁₇材料

在镁基金属间化合物中，有一种稀土-镁系合金拥有较高的容量，在 350℃的贮氢容量可达到 6%（质量分数）[4,5]，这个合金就是 La₂Mg₁₇。La₂Mg₁₇合金具有较好的吸放氢动力学性能，在 120~180℃

下 500s 内的吸氢量都在 2.8% 以上，在 30~60℃下 7000s 内的吸氢量也都在 1.5%~3.2% 以上。而且首次吸氢就可完全活化。

La₂Mg₁₇ 的主要组成元素 La 和 Mg 均是放热型金属元素，容易与氢发生反应形成稳定性较好的 LaH₃ 和 MgH₂ 氢化物，导致 La₂Mg₁₇ 材料放氢较困难。

制备方法是一种有效提高吸放氢性能的重要手段之一。刘静等[6] 用熔盐保护熔炼法制备 La₂Mg₁₇，在 523K 时的吸氢量从感应熔炼法的 3.0% 提高到 4.3%。而放氢过程至少需要 623K 的温度，如图 3-5 所示。吸氢反应温度如果低于 523K，吸氢动力学较缓慢，吸氢量较低，如图 3-6 所示[6]。

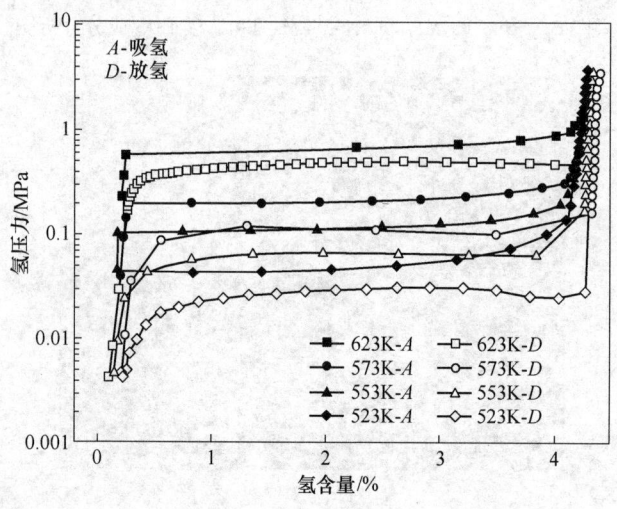

图 3-5　La₂Mg₁₇ 合金在不同温度下的 PCT 曲线（SMPMS）

通过对 La₂Mg₁₇ 在不同温度下的吸氢过程进行原位 XRD 分析，如图 3-7 所示[7]，可以确定 LaH₃ 和 MgH₂ 在 270℃ 就形成。由于 La₂Mg₁₇ 成分中 La 的含量较高，可以有效地降低氢化反应温度。Dalin Sun[7] 确定了吸氢反应是一步进行的，没有产生 La₂Mg₁₇Hₓ 等中间产物。具体吸氢反应为：

$$La_2Mg_{17} + 20H_2 \longrightarrow 2LaH_3 + 17MgH_2 \tag{3-1}$$

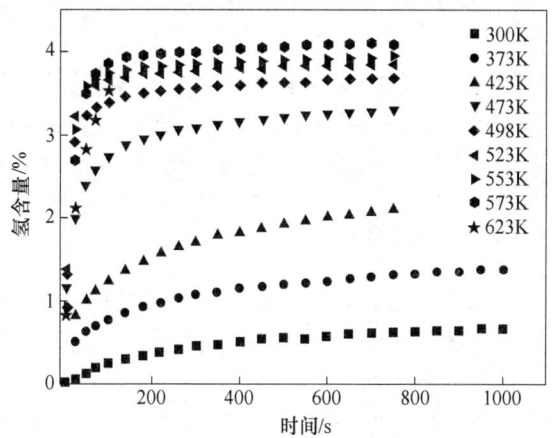

图 3-6 La$_2$Mg$_{17}$合金在 4MPa H$_2$ 下不同温度的吸氢曲线

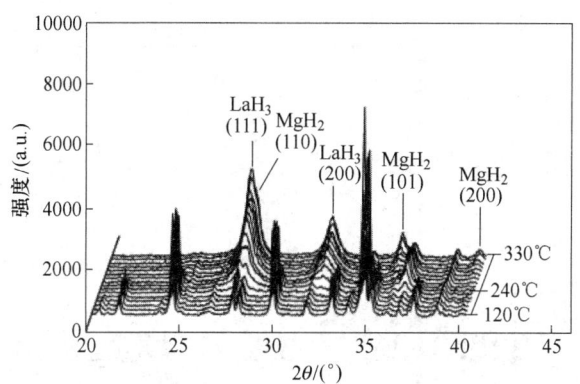

图 3-7 La$_2$Mg$_{17}$在不同温度下的吸氢后原位 XRD 观察

在 La$_2$Mg$_{17}$吸氢分解之前，晶格参数不发生改变，这说明氢并未进入 La$_2$Mg$_{17}$晶格中形成 La$_2$Mg$_{17}$H$_x$ 固溶体，而是 La$_2$Mg$_{17}$直接吸氢分解为 LaH$_3$ 和 MgH$_2$。此外，La$_2$Mg$_{17}$在氢气氛围下，合金中的 La 和 Mg 元素表现出较高的扩散速率，直接导致了大量空位缺陷，有利于吸氢反应的进行。

La$_2$Mg$_{17}$的生成焓为 -4.2kJ/mol[8]，LaH$_3$ 和 MgH$_2$ 的生成焓为

$-63kJ/mol$ 和 $-37kJ/mol$[9]，较小的热焓差是逆反应——放氢反应较差的根本原因。

这就需要第三方元素的加入来改变生成物和反应物的热焓差。理想的添加元素可以通过 Miedema 方法来确定。因此通过研究发现，$La_2Mg_{16}Ni$，$La_5Mg_2Ni_{23}$ 和 La_3MgNi_{14} 表现出较好的吸放氢性能。

3.2.2 $La_2Mg_{16}Ni$ 贮氢材料

Ni 是众所周知的典型非吸氢元素，对碱液有很高的耐腐蚀性，也有控制材料氧化的作用。因此添加 Ni 元素，理论上，有利于材料的吸放氢过程以及循环寿命。

Ni 的加入会改变 La_2Mg_{17} 合金的晶体结构，形成新的相，如图 3-8 所示。从图 3-8 中可以看出，随着 Ni 含量的加入，形成了较多的 Mg_2Ni 相和 $Mg_{12}RE$ 相，改变其吸放氢轨道。

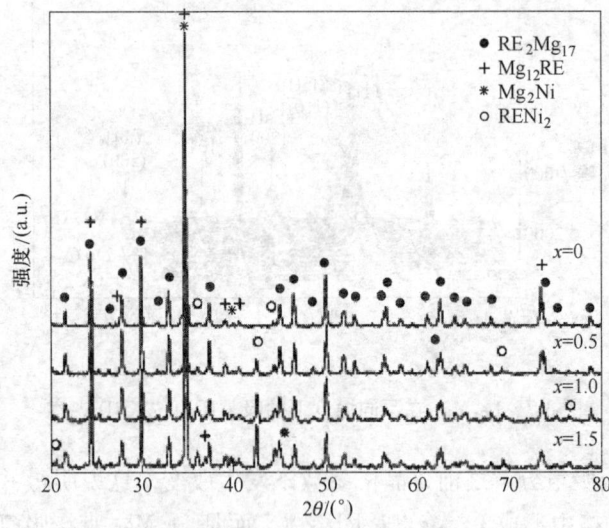

图 3-8 $La_2Mg_{17}Ni_{1+x}$（$x=0$，0.5，1.0，1.5）铸态合金的 XPD 图谱

$RE_2Mg_{17}Ni_{1+x}$ 合金的主相是 RE_2Mg_{17} 相，此外还有 $Mg_{12}RE$、Mg_2Ni、$RENi_2$ 等杂相。

采用熔剂覆盖的熔炼方法制备 $La_2Mg_{16}Ni$ 合金的 XRD 衍射图如图 3-9 所示[6]，合金主要由 La_2Mg_{17} 相组成。在 La_2Mg_{17} 合金中，部分镁被 Ni 取代后，合金的相结构保持不变，仍保持原来的相结构。

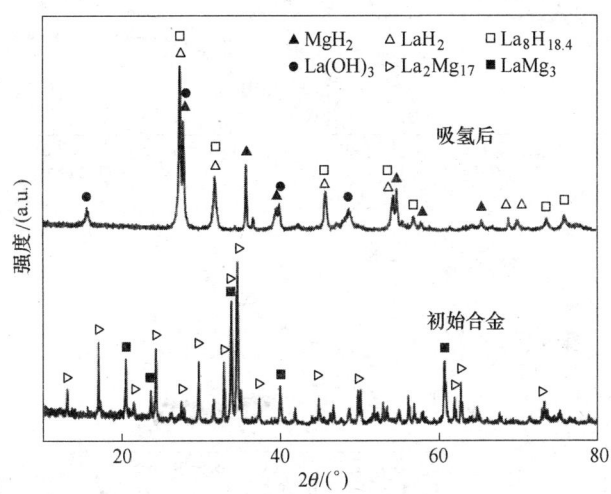

图 3-9　SMPMS 工艺制备的 La-Mg 合金吸氢前后的 XRD 图谱

通过图 3-9 的吸氢前后的 XRD 图对照发现，图谱中没有熔盐峰，说明熔盐保护熔炼法中合金和熔盐分离良好，且吸氢过程进行顺畅。

$La_2Mg_{16}Ni$ 合金在 523K，553K，573K 温度下的 P-C-T 曲线如图 3-10所示。随着温度的降低，$La_2Mg_{16}Ni$ 合金的吸放氢平台降低。当温度为 523K 时，$La_2Mg_{16}Ni$ 合金已难以放出氢气，在温度高于 553K时，合金具有良好的吸放氢热力学性能和平台压性能。

3.2.3　$La_{1.5}Mg_{17}Ni_{0.5}$ 贮氢材料

当用 Ni 取代部分 La_2Mg_{17} 中的部分 La，形成 $La_{1.5}Mg_{17}Ni_{0.5}$ 合金时，在200℃吸氢量可达 4.10%。合金中存在的多相合金结构 $LaNi_5$ + LaH_3 + La 被认为是其能大大改善镁基贮氢性能的主要原因[10]。同时，Ni 元素的引入能够降低其放氢温度[11]。

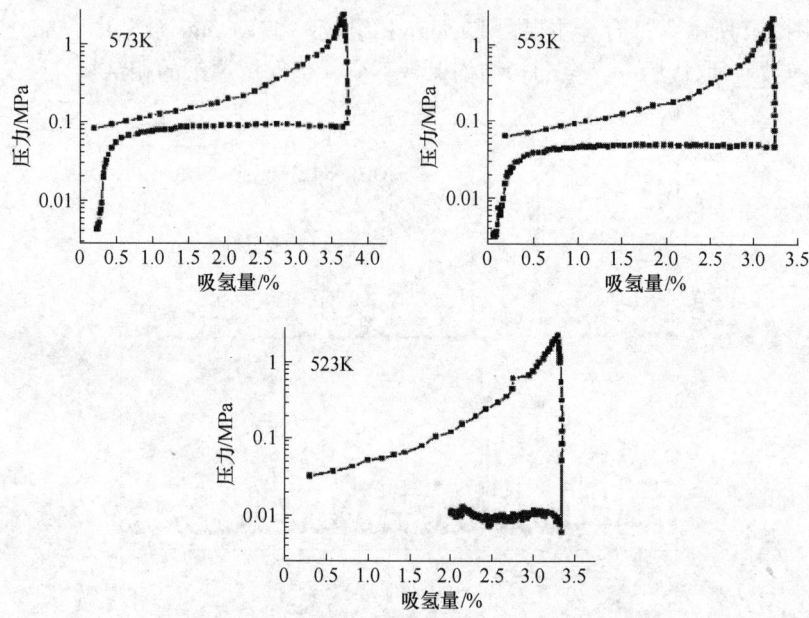

图 3-10 $La_2Mg_{16}Ni$ 合金在不同温度下的 PCT 曲线

Ni 不仅可以替代 Mg 元素，同样可以替代合金中的 La 元素。不同元素的替代，对材料的吸放氢过程的影响是不同的。

$La_{1.5}Mg_{17}Ni_{0.5}$ 的吸氢过程分两步进行，在 573K，4MPa 下的吸氢容量可以达到 5.40%。通过吸氢后和放氢后的 XRD 图谱（图3-11）推测其吸放氢反应如下[10]：

$$La_{1.5}Mg_{17}Ni_{0.5} + H_2 \longrightarrow MgH_2 + LaH_3 + LaNi_5H_6$$

$$MgH_2 + LaH_3 + LaNi_5H_6 \longrightarrow Mg + LaH_3 + LaNi_5 + La + H_2$$

如图 3-12 所示是对 553K、573K 和 673K 下对 $La_{1.5}Mg_{17}Ni_{0.5}$ 合金作的 PCT 曲线图，从图 3-12 中可以看出，材料的吸放氢平台压非常好。在 4MPa，573K 下的最大吸氢量可以达到 5.4%（质量分数）[12]。

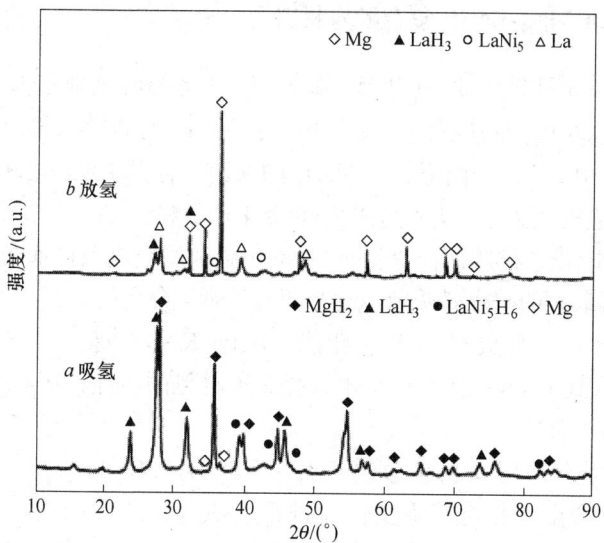

图 3-11 La$_{1.5}$Mg$_{17}$Ni$_{0.5}$材料吸放氢后的 XRD 图

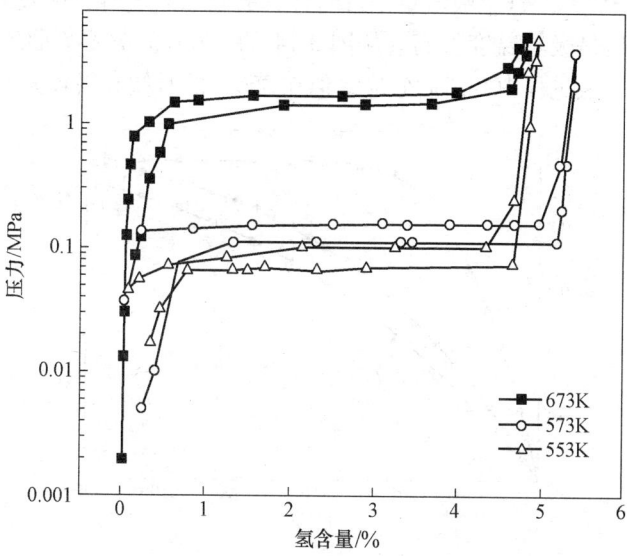

图 3-12 La$_{1.5}$Mg$_{17}$Ni$_{0.5}$合金不同温度下的吸放氢曲线

3. 2. 4　La_2Mg_{17}-$LaNi_5$ 复合贮氢材料

Terzieva M 等[13]通过对 Mg 基-$LaNi_5$ 系统的研究确定 $LaNi_5$ 对镁和氢的反应具有非常好的催化作用。Reule H[14]的进一步研究表明，反应过程中 $LaNi_5$ 表面形成了 MgH_2 的薄膜，促进 H/D 与 Mg 单质或 MgH_2 反应的动力学，是效果较好的催化剂材料。

La_2Mg_{17} 贮氢材料由于高的贮氢量和温和的吸氢条件而备受关注。然而，其最大的缺点是吸放氢速率只有 $LaNi_5$ 合金的 1/10。为了提高 La_2Mg_{17} 合金的吸放氢动力学性能，Dutta K 等[15] 和 Pal K 等[16]将 $LaNi_5$ 加入到 La_2Mg_{17} 体系中，不仅提高了材料的活性，还有效地降低了吸放氢条件[6]。

Pal K[17]采用固相扩散法复合了 La_2Mg_{17}-$x\%$ $LaNi_5$（x = 5，10，20，40）合金，并对其吸氢性能进行了研究，结果如图 3-13 所示。发现 La_2Mg_{17}-10% $LaNi_5$ 具有最大的吸氢量，在 400℃ 可以达到 5. 3%（质量分数）。该条件下吸氢速率可以达到 20cm^3/（g·min）。最低吸氢温度为 350℃。这个吸氢量是目前合成的固态贮氢材料中效果最好的一种，但是吸氢温度较高。从图 3-14 的 350℃ 的 P-C-T 曲线[17]可以看出其放氢过程中有滞后效应，但在 350℃ 的时候放氢较完全。

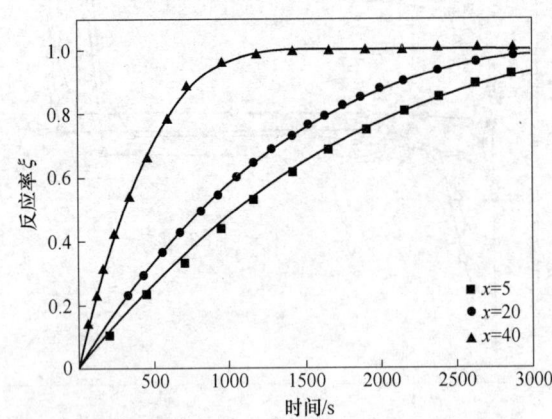

图 3-13　La_2Mg_{17}-$x\%$ $LaNi_5$（x = 5，20，40）合金在 623K 和
4. 0MPa 的氢压下的吸氢动力学曲线

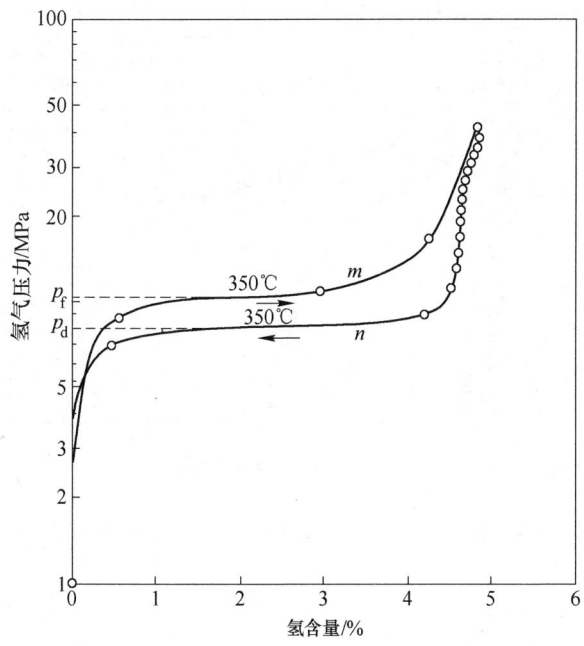

图 3-14　La$_2$Mg$_{17}$-10% LaNi$_5$ 复合材料 350℃ 的 P-C-T 曲线

3.3　La$_2$Mg$_{17}$基贮氢材料的电化学性能

　　La$_2$Mg$_{17}$合金因为具有超强的吸氢元素，充电过程非常容易进行。但是其放电性能较差。在 40mA/g 充电 20h 后，静置 10min，用 60mA/g 的电流密度放电至 -0.5V。铸态 La$_2$Mg$_{17}$合金和就不同含量的 Ni 的放电比容量结果如图 3-15 所示[18]。

　　图 3-15 中还可以看出加入不同含量的 Ni 粉复合后对 La$_2$Mg$_{17}$合金放电比容量的改善情况。Ni 对 La$_2$Mg$_{17}$的放电过程有显著的催化作用。Li Wang 等[19]对 La$_2$Mg$_{17-x}$Ni$_x$ - 200% Ni($x = 0$，1，3，5）的研究发现，随着 x 的增加，合金的放电容量降低，但其合金的循环稳定性却提高。由于图 3-16 的计算过程中去掉了添加元素 Ni 的质量影响而使计算结果与图 3-15 中差别很大，否则计算结果接近。

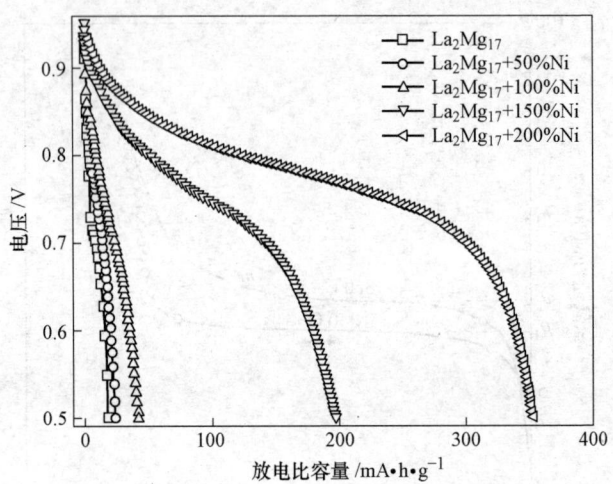

图 3-15 铸态 La₂Mg₁₇ 合金和就不同含量 Ni 的放电比容量

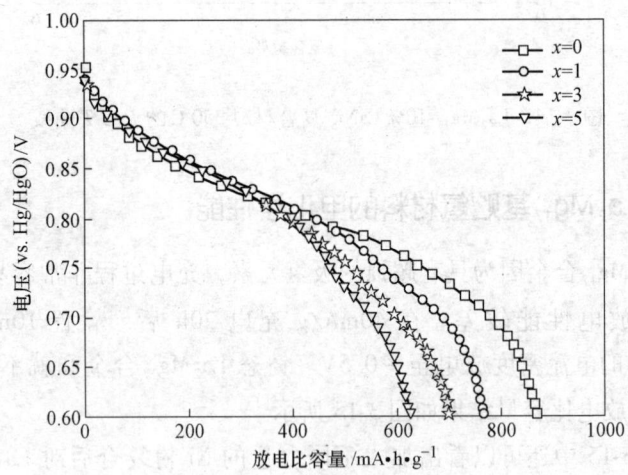

图 3-16 La₂Mg$_{17-x}$Ni$_x$ – 200% Ni（x = 0，1，3，5）
复合合金首次循环的放电比容量图

Co 元素也可以添加到 La₂Mg₁₇ 合金中，提高其放电比容量，随着加入的 Co 的含量的提高，其放电比容量显著提高，平台压更加平坦，结果如图 3-17 所示[20]。

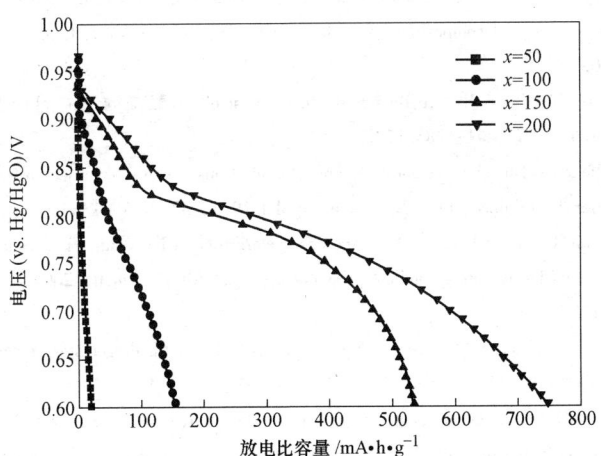

图 3-17　$La_2Mg_{17} - x\%\,Co\ (x = 50,\ 100,\ 150,\ 200)$
复合合金在 303K 下的放电比容量图

参 考 文 献

[1] Xia Li, Tai Yang, Yanghuan Zhang, et al. Kinetic properties of La_2Mg_{17}-$x$wt. % Ni($x = 0 \sim$ 200) hydrogen storage alloys prepared by ball milling[J]. Int J Hydrogen Energy, 2014, 39: 13557 ~ 13563.

[2] Couillaud S, Gaudin E, Bobet J L. Rich magnesium ternary compound so-called $LaCuMg_8$ derived from La_2Mg_{17} Structure and hydrogenation behavior [J]. Intermetallics, 2011, 19: 336 ~ 341.

[3] Li Wang, Xinhua Wang, Lixin Chen, et al. Electrode properties of La_2Mg_{17} alloy ball-milled with x wt. % cobalt powder ($x = 50$, 100, 150 and 200)[J]. J Alloys Compd, 2006, 414: 248 ~ 252.

[4] Dutta K, Srivastava O N. Investigation on synthesis, charaeterization and hydrogenation behaviour of the La_2Mg_{17} intermetallie [J]. Hydrogen Energy Progress, 1990, 15: 1027 ~ 1034.

[5] Slattery D K. The hydriding-dehydriding charaeteristics of La_2Mg_{17} [J]. Int. J. Hydrogen Energy, 1995, 20: 971 ~ 973.

[6] 刘静，赵显久，张旭，等. 熔盐保护熔炼法制备 La_2Mg_{17} 合金及其储氢性能[J]. 稀有

金属材料与工程, 2009, 38(5):924~929.

[7] Dalin Sun, Franz Gingl, Yumiko Nakamura, et al. In situ X-ray diffraction study of hydro-gen-induced phase decomposition in $LaMg_{12}$ and La_2Mg_{17} [J]. J Alloys Compd, 2002, 333: 103~108.

[8] Miedema A R, Boom R, De Boer F R. On the heat of formation of solid alloys[J]. J. Less-Common Met. 1975, 41: 283~298.

[9] A. R. Miedema. The electronegativity parameter for transition metals: Heat of formation and charge transfer in alloys[J]. J. Less-Common Met. 1973, 32: 117~136.

[10] Li Q, Lin Q, Jiang L J, et al. On the characeterization of $La_{1.5}Mg_{17}Ni_{0.5}$ composite materi-als Prepared by hydriding combustion synthesis[J]. J Alloys Compd, 2004, 368(1~2): 101~105.

[11] Ouyang L Z, Dong H W, Zhu M. Mg_3Mm compound based hydrogen storage materials[J]. J Alloys Compd. , 207, 446~447(1~2):124~128.

[12] Qian Li, Qin Lin, Lijun Jiang, et al. On the characterization of $La_{1.5}Mg_{17}Ni_{0.5}$ composite materials prepared by hydriding combustion synthesis[J]. Journal of Alloys and Compounds, 2004, 368: 101~105.

[13] Terzieva M, Khrussanova M, Peshev P. Hydriding and dehydriding Characteristics of Mg-La Ni_5 composite materials prepared by mechanical alloying[J]. J. Alloys Compd. 1998, 267 (1~2):235~239.

[14] Reule H, Hirscher M, Weibhardt A, et al. Hydrogen desorption properties of mechanically alloyed MgH_2 Composite materials[J]. J. Alloys Compd. 2000, 305: 246~252.

[15] Dutta K, Mandal P, Ramakrishna K, et al. The synthesis and hydrogenation behaviour of some new composite storage materials: Mg-x wt% FeTi(Mn) and La_2Mg_{17}-x wt% $LaNi_5$ [J]. Int J Hydrogen Energy, 1994, 19: 253~257.

[16] Pal K. A note on the hysteresis effect of La_2Mg_{17}-based composite materials[J]. Int. J. Hydro-gen Energy, 1997, 22(8):825~828.

[17] Pal K. Synthesis characterization and hydrogen absorption studies of the composite materials La_2Mg_{17}-x wt% $LaNi_5$ [J]. J Mater Sci 1997, 32: 5177~5184.

[18] Li Xia, Zhao Dongliang, Zhang Yanghuan, et al. Hydrogen storage properties of mechani-cally milled La_2Mg_{17}-x wt. % Ni(x = 0, 50 and 100, 150 and 200) composites[J]. Journal of Rare Earths, 2013, 31(7):694~700.

[19] Li Wang, Xinhua Wang, Lixin Chen, et al. Effect of Ni content on the electrochemical per-formance of the ball-milled $La_2Mg_{17-x}Ni_x$ + 200 wt. % Ni(x = 0, 1, 3, 5) composites [J]. J Alloys Compd, 2007, 428: 338~343.

4　添加 Ni 对 La_2Mg_{17} 贮氢复合材料的吸放氢性能影响

4.1　La_2Mg_{17}-x% Ni（x = 0，50，100，150，200）的热力学性能

4.1.1　Ni 对 La_2Mg_{17} 材料吸氢性能的影响

　　Ni 的添加量对 La_2Mg_{17} 材料的吸氢性能的影响是主要考察的内容。如图 4-1 所示给出了 300℃、3MPa 下，不同添加量的 Ni 粉对 La_2Mg_{17} 材料的吸氢速率曲线的最大吸氢量和吸氢动力学性能的影响。从图 4-1 可以清楚地看出，材料的吸氢速率曲线可以分为两个部分：第一阶段为吸氢初期，由于氢在材料表面快速消耗，吸氢速率非常快，曲线迅速上升；第二阶段，吸氢量的增加速率变得缓慢，吸氢量逐渐达到饱和。球磨态 La_2Mg_{17} 材料的最大吸氢量为 1.445%，加入 50% Ni 后，合金的最大吸氢量增加至 5.130%，提高了 3.5 倍。然而，随着 Ni 添加量从 50% 增加到 200%，材料的最大吸氢量逐渐降低，具体吸氢量变化值列于表 4-1 中。La_2Mg_{17}-xNi（x = 0，50，100，150，200）复合材料 1min 内完成最大吸氢量的 98.13%、88.30%、44.50%、33.86% 和 78.40%。以 La_2Mg_{17}-50% Ni 复合材料具有最大的吸氢量和最好的吸氢动力学性能。从以上的 XRD、SEM 和 HRTEM 的分析结果来看，球磨工艺使材料产生非晶/纳米晶现象，提高吸氢反应的动力学性能。在 La_2Mg_{17} 材料中加入 Ni 粉，由于 Ni 是非常好的活性粒子，增加了材料的反应活性，增加 La_2Mg_{17} 材料的最大吸氢量。随着 Ni 含量的增加，材料中非晶/纳米晶结构增多，材料的缺陷增大，有序结构减小，H 在材料中拥有的格点减少，导致材料的吸氢性能降低。

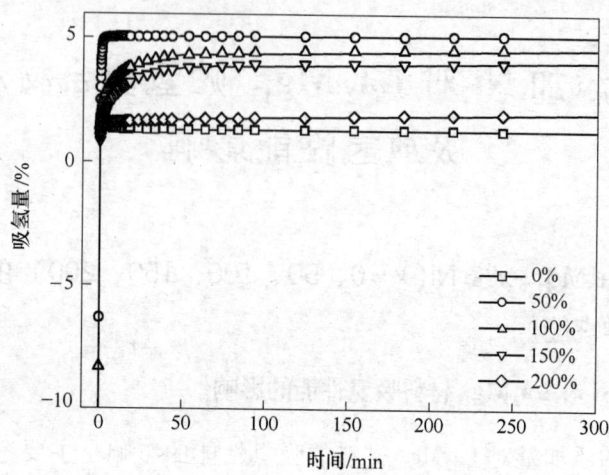

图 4-1　La$_2$Mg$_{17}$-x%Ni(x = 0，50，100，150，200)
复合材料在 300℃，3MPa 下的吸氢速率曲线

表 4-1　La$_2$Mg$_{17}$-x%Ni(x = 0，50，100，150，200) 复合材料的
不同吸氢环境下的吸氢量

Ni 含量/%	实验条件		最大吸氢量（质量分数）/%	每分钟吸氢量（质量分数）/%	比值/%
	温度/℃	压力/MPa			
0	300	3	1.445	1.418	98.13
50	200	3	4.938	4.190	84.85
	250	3	4.844	4.520	93.31
	300	1	4.838	2.756	56.96
		2	4.812	4.523	93.98
		3	5.130	4.530	88.30
	320	3	5.033	4.949	98.33
100	300	3	5.040	2.146	42.58
150	300	3	3.650	1.380	37.81
200	300	3	2.388	1.713	71.73

La$_2$Mg$_{17}$-50% Ni 具有相对较好的吸氢性能，然而吸氢的环境温度对其吸氢量的影响是至关重要的。因此在 3MPa 下分别考察了 200℃、250℃、300℃和 320℃温度效应对 La$_2$Mg$_{17}$ 材料贮氢性能的影响，结果如图 4-2 所示。La$_2$Mg$_{17}$-50% Ni 复合材料的吸氢量随着温度从 200℃增加到 320℃，不断地上下波动，在 250℃吸氢量最小，在 300℃达到最大吸氢量为 5.130%，具体吸氢量值见表 4-1。导致这种吸氢量变化的原因主要有两种：第一，La-Mg-Ni 材料的吸氢反应是放热反应，环境温度的增加，不利于吸氢反应的进行；第二，高温降低了反应的活化能，促进氢化反应的进行形成更多的氢化物。两种因素彼此影响最终导致材料的吸氢量发生波动。

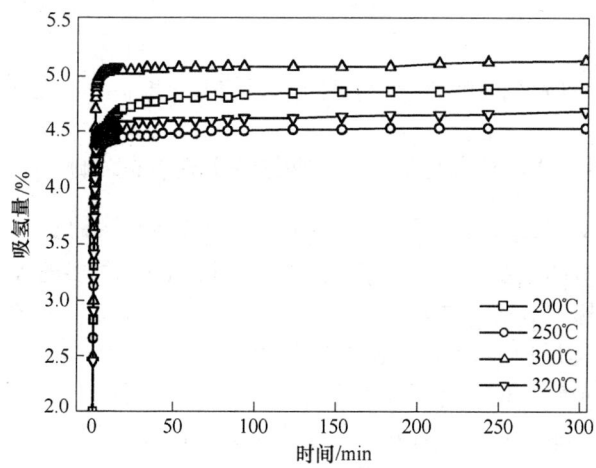

图 4-2 La$_2$Mg$_{17}$-50% Ni 材料在 3MPa 不同温度下的吸氢速率曲线

在 La$_2$Mg$_{17}$ 材料中加入 50% Ni 可以有效地提高材料的吸氢性能，且 La$_2$Mg$_{17}$-50% Ni 复合材料的最佳吸氢温度为 300℃，如图 4-3 所示给出了不同氢压条件的吸氢速率曲线变化情况。从图 4-3 可以看出，La$_2$Mg$_{17}$-50% Ni 复合材料在 3MPa 下拥有最大的 5.130%的吸氢量，具体吸氢量结合表 4-1 中的数据，此时的动力学性能也较好。这可能是由于 La$_2$Mg$_{17}$-50% Ni 复合材料的吸氢过程是放热反应导致的。

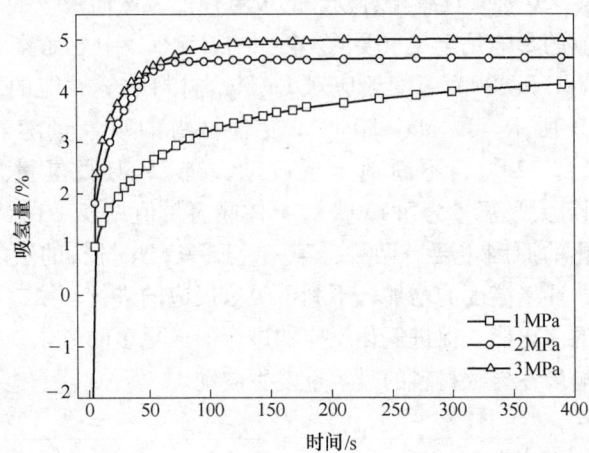

图 4-3　La$_2$Mg$_{17}$-50% Ni 复合材料在 300℃不同氢压下的吸氢速率曲线

4.1.2　Ni 对 La$_2$Mg$_{17}$合金 *P-C-T* 曲线及生成焓的影响

关于 La$_2$Mg$_{17}$材料在不同温度的 *P-C-T* 性能测试的实验报道已经很多，本节的主要工作是考察加入 Ni 粉对 La$_2$Mg$_{17}$材料的吸放氢性能最本质的影响。通过文献［1］~文献［3］的 La$_2$Mg$_{17}$材料的 *P-C-T* 曲线可知其反应生成焓如表 4-2 所示。La$_2$Mg$_{17}$-50% Ni 复合材料在 200℃、250℃、300℃和 320℃温度下的 *P-C-T* 曲线，如图 4-4 所示，并可通过 Van't Hoff 方程对吸氢反应生成焓进行计算。

如图 4-4 所示给出了球磨 80h 后 La$_2$Mg$_{17}$-50% Ni 复合材料在不同温度下的吸放氢 *P-C-T* 曲线。加入 Ni 粉后，La$_2$Mg$_{17}$材料的 *P-C-T* 曲线具有更为平坦和宽阔的平台区域，有利于氢气的贮存。当温度范围在 200~320℃时，La$_2$Mg$_{17}$-50% Ni 复合材料的饱和吸氢量增加至 3.5%。从 *P-C-T* 曲线还可看出，在 200~320℃的范围内，温度对最大贮氢容量的影响不大，说明材料的吸氢反应进行比较完全。

用线性回归法拟合出 La$_2$Mg$_{17}$-50% Ni 复合材料吸放氢温度与平衡压的斜率关系式，通过 Van't Hoff 方程得：

$$\ln P_{H_2} = \frac{\Delta H^{\ominus}}{RT} - \frac{\Delta S^{\ominus}}{R} \tag{4-1}$$

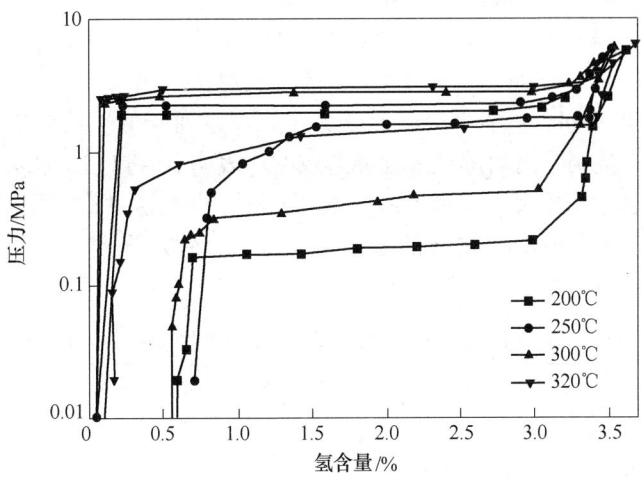

图 4-4 La_2Mg_{17}-50% Ni 材料在不同温度下的 P-C-T 曲线

$\ln P_{H_2}$ 与 $1/T$ 的关系如图 4-5 所示。在不同温度下测试的点在图 4-5 中几乎呈一条直线,对直线求斜率,其斜率为 2.53586,通过式

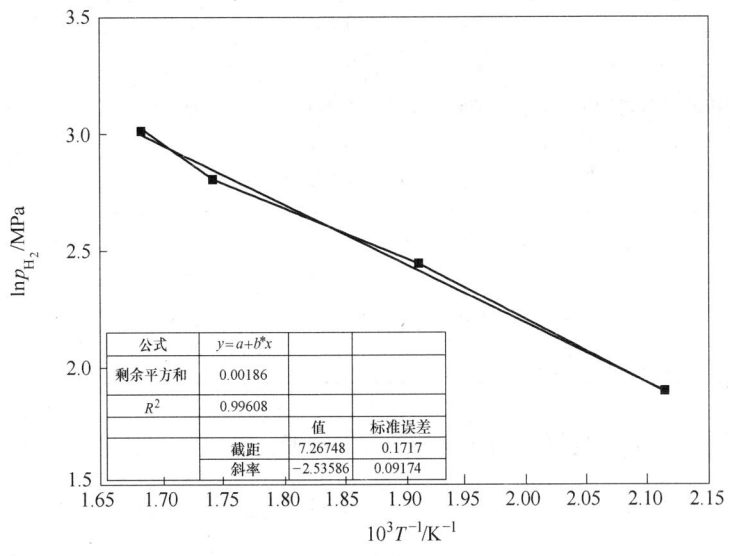

公式	y=a+b*x	
剩余平方和	0.00186	
R^2	0.99608	
	值	标准误差
截距	7.26748	0.1717
斜率	-2.53586	0.09174

图 4-5 La_2Mg_{17}-50% Ni 材料吸放氢反应的 Van't Hoff 关系曲线

(4-1) 计算出 La$_2$Mg$_{17}$-50% Ni 复合材料吸放氢反应的 ΔH 为 21.08kJ/mol。并与 Khrussanova 等人的实验结果作为对比列于表4-2。由表4-2可知，加入 50% Ni 后，使 La$_2$Mg$_{17}$的生成焓从 -26.2kJ/mol[4] 降低至 -21.08kJ/mol，可能是由于形成了 Mg$_2$NiH$_4$ 而降低了反应氢化物的稳定性，提高了材料的放氢性能造成的。表明 Ni 粉对 La$_2$Mg$_{17}$材料的催化放氢作用显著。文献 [4]，文献 [5] 也报道过通过用 Ca 替换 La 或者用加入 LaNi$_5$ 复合的方法，也可以有效地降低放氢反应活化能，具体数据列于表4-2。

表 4-2 La$_2$Mg$_{17}$材料和 La$_2$Mg$_{17}$-50%Ni 复合材料吸放氢反应焓变

合　金	温度/℃	lnP_{H_2}/MPa	ΔH/kJ · mol^{-1}	参考文献
La$_2$Mg$_{17}$	125	1.50	-26.2	[4]
	230	2.48		
	330	6.09		
La$_{1.8}$Ca$_{0.2}$Mg$_{17}$	100	1.11	-22.4	[4]
	230	1.84		
	330	6.08		
La$_2$Mg$_{17}$ – 10% LaNi$_5$	350	0.686	-25.08	[5]
	360	0.931		
	375	1.274		
	390	1.50		
	400	1.745		
La$_2$Mg$_{17}$ – 50% Ni	200	1.908	-21.08	本节
	250	2.445		
	300	2.814		
	320	3.012		

4.1.3　Ni 对 La$_2$Mg$_{17}$材料放氢性能的影响

在 La$_2$Mg$_{17}$材料中加入 50% Ni 降低了反应生成的氢化物的稳定性，可能是由于加入 Ni 后使材料颗粒减小，促使生成较小颗粒的氢化物，降低其稳定性，有助于放氢过程。那么 Ni 的添加对材料的放氢性能的影响如何呢？本节对 La_2Mg_{17}-$x\%$ Ni 复合材料在 300℃，3MPa 下饱和吸氢 2h 后的材料，在不同的升温速率（5，10，15，20℃/min）下进行了 DSC 测试。如图 4-6 所示列出了 La_2Mg_{17}-$x\%$ Ni（$x=0$，50，200）材料吸氢后，在 5℃/min 升温速率下的 DSC 曲线。

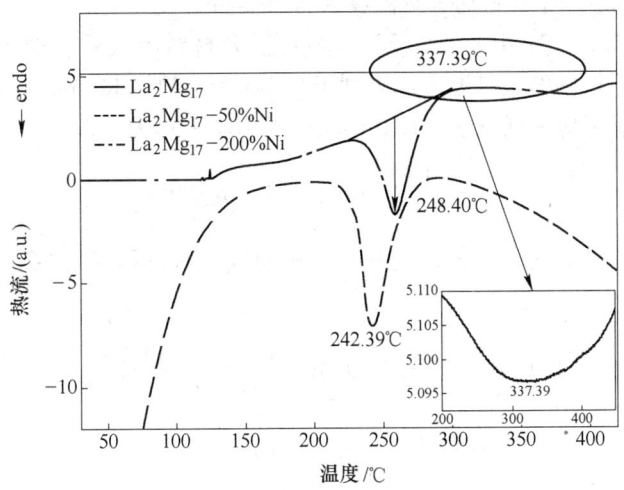

图 4-6 La_2Mg_{17}-$x\%$ Ni($x=0$, 50, 200) 材料在 300℃，3MPa 下饱和吸氢后的 DSC 曲线

通过图 4-6 的结果可以看出，添加 50% Ni 后使 La_2Mg_{17} 的放氢温度从 337.39℃降至 242.39℃，降幅为 95℃。La_2Mg_{17} 材料的 DSC 曲线中的放热峰非常的微弱，如图 4-6 右下角放大图所示，这是由于 La_2Mg_{17} 材料分解非常困难造成的。La_2Mg_{17}-50% Ni，La_2Mg_{17}-200% Ni 复合材料的放热峰 242℃和 248℃与 Mg_2NiH_4 的分解温度 245℃[6~9]非常接近，表明 Mg_2NiH_4 发生分解。根据文献 [10]，MgH_2 的 DSC 分解温度为 403.9℃，而 LaH_3 分解为 LaH_2 的温度为 439.5℃，表明材料在 427℃温度以下，只有 Mg_2NiH_4 能够放出 H_2。总体来说，加入 Ni 后，La_2Mg_{17} 材料的放氢温度降低，有助于材料的放氢过程。但当 Ni 的加入量增加到 200% Ni 时，其放氢温度又有小幅回升，可能是足量的 Ni 添加后形成的 Mg_2NiH_4 的晶型与少量 Ni 时有所不同，导致

了其放氢温度的浮动。文献 [11] 研究表明，Mg_2NiH_4 有两种存在形式，一种是立方结构的高温 HT-Mg_2NiH_4，另一种是单斜结构的低温 LT-Mg_2NiH_4。两种类型的 Mg_2NiH_4 在电子结构、结合键类型以及强度上会有所不同。低温 LT-Mg_2NiH_4 的分解温度为 230℃[12]。而高温 HT-Mg_2NiH_4 材料的分解温度会有所提高。

La₂Mg₁₇-x% Ni($x = 0$，50，200）复合材料吸氢后在四个不同升温速率下得到的放氢温度结果列于表4-3 中。根据 Kissinger 方程计算材料放氢反应的活化能。Kissinger 的动力学方程为：

$$\frac{d\alpha}{dt} = Ae^{-E/RT}(1-\alpha)^n \tag{4-2}$$

该方程描绘了一条相应的热分析曲线，对方程式（4-2）两边微分，得

$$\frac{d}{dt}\left[\frac{d\alpha}{dt}\right] = \left[A(1-\alpha)^n \frac{de^{-E/RT}}{dt} + Ae^{-E/RT}\frac{d(1-\alpha)^n}{dt}\right]$$

$$= A(1-\alpha)^n e^{-E/RT}\frac{(-E)}{RT^2}(-1)\frac{dT}{dt} - Ae^{-E/RT}n(1-\alpha)^{n-1}\frac{d\alpha}{dt}$$

$$= \frac{d\alpha}{dt}\frac{E}{RT^2}\frac{dT}{dt} - Ae^{-E/RT}n(1-\alpha)^{n-1}\frac{d\alpha}{dt}$$

$$= \frac{d\alpha}{dt}\left[\frac{E\frac{dT}{dt}}{RT^2} - An(1-\alpha)^{n-1}e^{-E/RT}\right] \tag{4-3}$$

在热分析曲线的峰顶处，其一阶导数为零，即边界条件为：

$$T = T_p \tag{4-4}$$

$$\frac{d}{dt}\left[\frac{d\alpha}{dt}\right] = 0 \tag{4-5}$$

将上述边界条件代入式（4-4）式有：

$$\frac{E\frac{dT}{dt}}{RT_p^2} = An(1-\alpha_p)^{n-1}e^{-E/RT} \tag{4-6}$$

Kissinger 研究后认为：$n(1-\alpha_p)^{n-1}$ 与 β 无关，其值近似等于 1，

因此, 方程式 (4-6) 可变换为:

$$\frac{E\beta}{RT_p^2} = Ae^{-E/RT_p} \tag{4-7}$$

对方程式 (4-7) 两边取对数, 得方程式 (4-8), 即 Kissinger 方程为:

$$\ln\left(\frac{\beta}{T_p^2}\right) = \ln\frac{AR}{E} - \frac{E}{R}\frac{1}{T_p} \tag{4-8}$$

对方程式 (4-8) 求导, 得:

$$\frac{d[\ln(\beta/T_P^2)]}{d(1/T_P)} = -\frac{E}{R} \tag{4-9}$$

方程式 (4-9) 表明, $\ln\left(\dfrac{\beta}{T_p^2}\right)$ 与 $\dfrac{1}{T_p}$ 成线性关系, 将二者作图可以得到一条直线, 从直线斜率求活化能 E, 从截距求指前因子 A。式 (4-4) 中 T_P 是不同升温速率 β 下的峰值温度, E 是激活能, R 是气体常数。$\ln\beta/T_P^2$ 和 $1000/T_P$ 的值列于表 4-3, 其关系如图 4-7 所示。通过最小二乘法拟合的斜率 (如图中标出) 计算出活化能 E, 具体结果列于表 4-3。

表 4-3 材料的放氢温度和反应活化能计算结果

合 金	升温速率 /℃ · min^{-1}	峰值温度 /℃	$\ln(\beta/T_P^2)$	$1000/T_P$	活化能 /kJ · mol^{-1}
La$_2$Mg$_{17}$	5	337.39	−11.22	1.6379	= 44.53476 × R = 370.26
	10	342.8	−10.54	1.6235	
	15	346.08	−10.15	1.6149	
	20	349.03	−9.87	1.6073	
La$_2$Mg$_{17}$-50% Ni	5	242.39	−10.88	1.9397	= 11.21928 × R = 93.28
	10	259.10	−10.25	1.8788	
	15	266.49	−9.87	1.8531	
	20	275.24	−9.62	1.8235	
La$_2$Mg$_{17}$ − 200% Ni	5	248.40	−12.52	1.917	= 45.03867 × R = 374.45
	10	259.18	−10.25	1.8785	
	15	263.06	−9.86	1.8649	
	20	267.57	−9.59	1.8493	

从表 4-3 可以看出，在 La_2Mg_{17} 材料中，加入 50% Ni 使材料的活化能为从 370.26kJ/mol 降至 93.28kJ/mol，有效地提高了放氢反应速率。但是加入足量的 200% Ni 时，大量的 Ni 粉与 La_2Mg_{17} 材料结合形成更多的 Mg_2NiH_4，可能生成的氢化物的晶型与加入少量 50% Ni 时的不一致，导致两种 Mg_2NiH_4 的分解峰有一定的偏差。

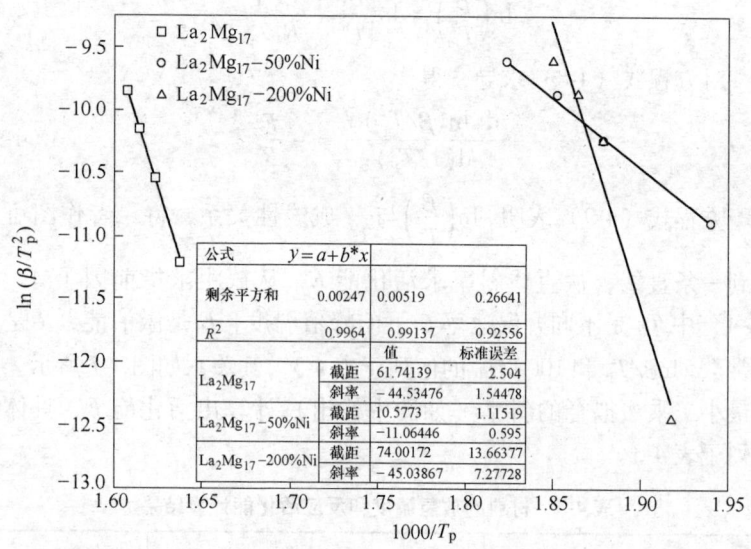

图 4-7　$\ln\beta/T_p^2$ 与 $1000/T_p$ 的关系图

Ni 的加入不但有效地提高了 La_2Mg_{17} 材料的最大吸氢量及吸氢动力学性能，同时降低了反应放氢的温度，加快了放氢反应速率。Eisenberg 等[13]也发现 Ni 对镁基材料的放氢动力学性能有相当好的作用，认为影响放氢反应速率的是材料表面的 Ni，而不是体相内的 Ni。这对 La_2Mg_{17} 材料在贮氢领域的应用有非常大的理论价值并提供了很好的实验依据。

4.2　La_2Mg_{17}-Ni 材料的吸放氢行为

为了明确加入 Ni 后，材料反应的吸氢过程，对吸氢前后的 La_2Mg_{17}-50% Ni 材料做了高倍率透射电镜和选区的电子衍射图像，结果如图 4-8 所示。从图 4-8 中可以看出，HRTEM 图中，比较规则的晶面为晶面间距 0.3200nm，根据 PDF 17-0399 为 La$_2$Mg$_{17}$（103）晶面。其中有部分小区域的垂直方向的晶面，图中形成了小方格。垂直晶面为 Ni 的（010）方向的晶面，结果与 PDF 45-1027 吻合良好。从图 4-8 中的电子衍射斑点可以看出，单晶与非晶共存，图 4-8（d）的 SAED 规则的单晶为面心立方，根据晶面间距和 d 值的计算确定为 Mg$_2$Ni 的单晶。Ni 在 La$_2$Mg$_{17}$的作用主要体现在通过球磨过程，生成

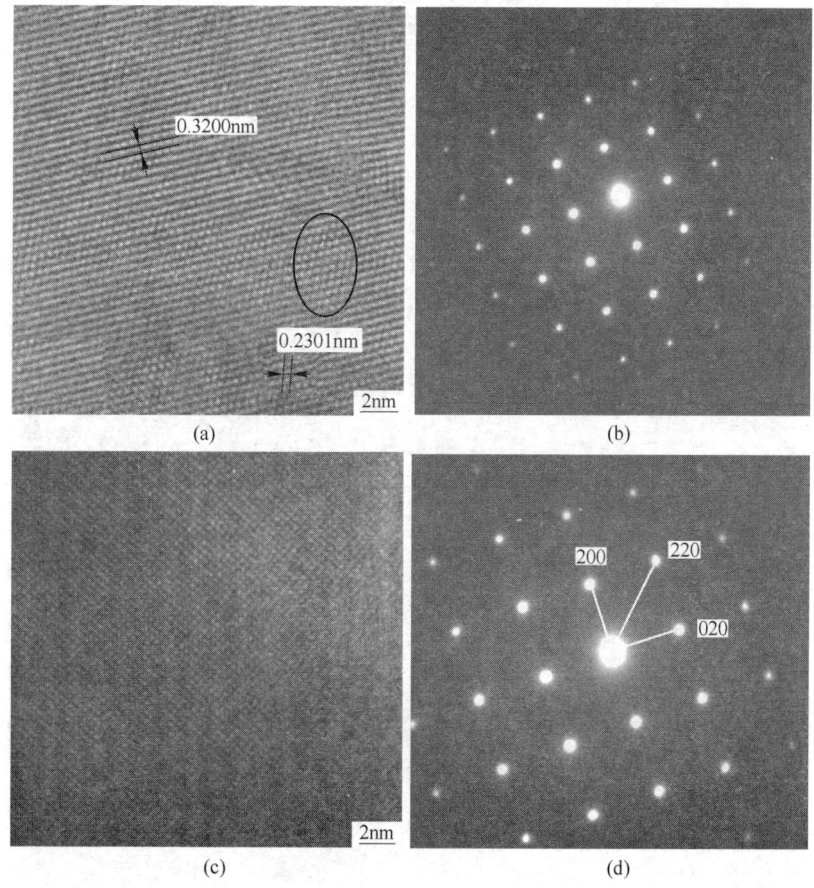

图 4-8　La$_2$Mg$_{17}$-50% Ni 材料吸氢前后的高倍率透射电镜和衍射图

（a）吸氢前的 HRTEM；（b）吸氢前的 SAED；（c）吸氢后的 HRTEM；（d）吸氢后的 SAED

大量的 Mg$_2$Ni。

如图 4-9 所示为 La$_2$Mg$_{17}$-50% Ni 复合材料在 300℃下，饱和吸氢 2h 后的高倍率透射电镜图和电子衍射 SAED 图像。由于吸氢后的 La$_2$Mg$_{17}$-50% Ni 复合材料在热阴极极短波长的电子枪作用下的稳定性较差，在测试取相过程中容易非晶化，图 4-9 中非常幸运的拍摄到了 La$_2$Mg$_{17}$-50% Ni 复合材料在球磨过程中被碾压的晶格畸变和非晶化的图像。图 4-9 SAED 图依次表现为单晶、多晶伴有非晶。表明材料处于一种非常复杂的混合状态，通过宽化的多环中的测量和 PDF 卡片与 XRD 谱图对照，从内而外分别对应于 Mg$_2$NiH$_4$（111）晶面、Mg$_2$NiH$_4$（020）晶面、Mg$_2$NiH$_4$（220）晶面、MgH$_2$（110）晶面和 LaH$_3$（200）晶面。

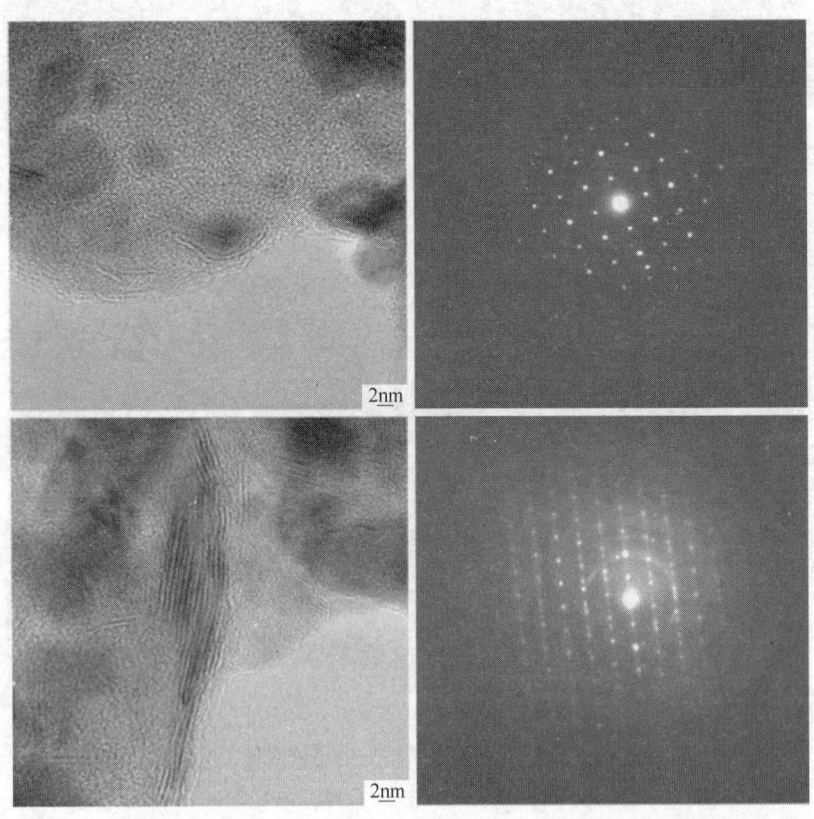

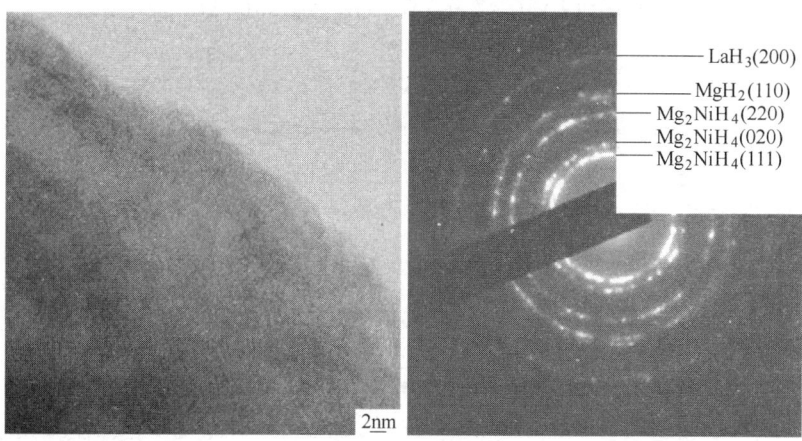

LaH$_3$(200)

MgH$_2$(110)
Mg$_2$NiH$_4$(220)
Mg$_2$NiH$_4$(020)
Mg$_2$NiH$_4$(111)

图 4-9 La$_2$Mg$_{17}$-50% Ni 材料吸氢后的高倍率透射电镜和电子衍射图

Ni 粉在整个吸放氢过程中起着非常重要的作用。如图 4-10，图 4-11 和图 4-12 所示分别为对球磨 La$_2$Mg$_{17}$-x% Ni（x = 0，50，200）复合材料的吸放氢过程的相结构变化进行的研究结果。

图 4-10 为球磨态、吸氢后和放氢后的 La$_2$Mg$_{17}$ 材料的相结构变

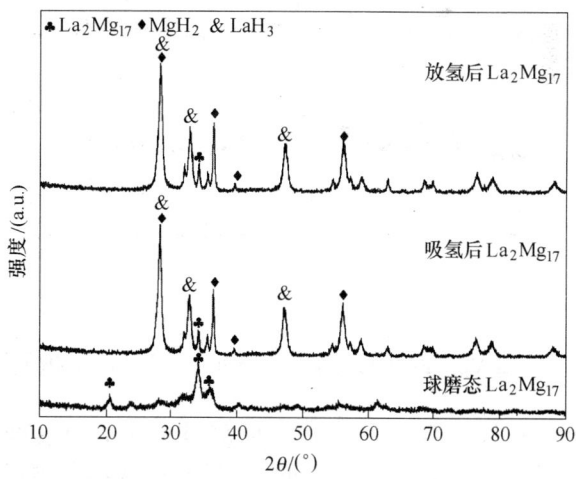

图 4-10 La$_2$Mg$_{17}$ 材料球磨态，吸氢后，放氢后的 XRD 图谱

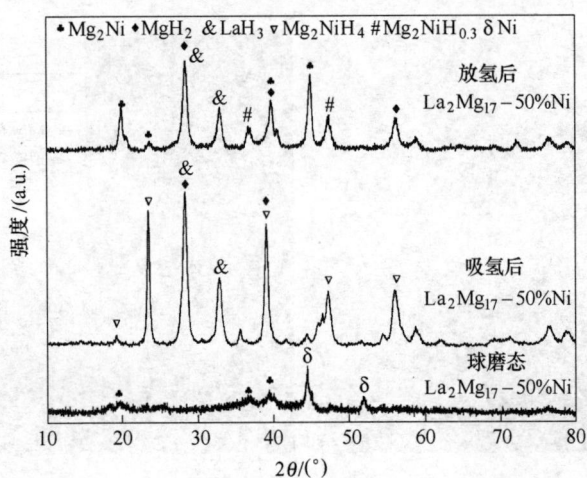

图 4-11 La₂Mg₁₇-50% Ni 球磨后，吸氢后，放氢后的 XRD 图谱

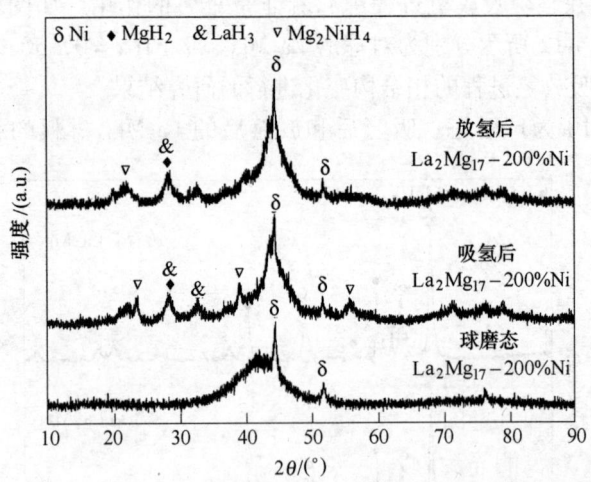

图 4-12 La₂Mg₁₇-200% Ni 球磨后，吸氢后，放氢后的 XRD 图谱

化，从 XRD 谱图分析可以看出，球磨 80h 后的 La₂Mg₁₇主要以 La₂Mg₁₇相为主，呈现晶相结构。通过球磨态 La₂Mg₁₇材料吸氢后和放氢后的 XRD 谱图的对照可以看出，吸氢后主要以 MgH₂ 和 LaH₃ 为

主，与 Dalin Sun 等[14]的研究结果一致，发生如下的化学反应：

$$La_2Mg_{17} + H_2 \longrightarrow LaH_3 + MgH_2 \qquad (4\text{-}10)$$

而放氢过程却不是很理想，放氢后的峰值与吸氢后的相比，几乎没有变化，表明形成的氢化物稳定性非常好，不容易放氢。即式(4-10)是不可逆反应。

La$_2$Mg$_{17}$-50% Ni 复合材料经过 80h 球磨，以及吸放氢后的相结构如图 4-11 所示。从图可知，球磨态的 La$_2$Mg$_{17}$-50% Ni 复合材料呈现非晶/纳米晶化，再一次表明加入 Ni 粉后有助于材料颗粒的细化。La$_2$Mg$_{17}$-50% Ni 复合材料吸氢后，主要形成 LaH$_3$、MgH$_2$、Mg$_2$NiH$_4$。在 Dalin Sun[14]和 M. Khrussanova[15]研究的基础上，总结出 La$_2$Mg$_{17}$-50% Ni 复合材料的吸氢反应式为：

$$La_2Mg_{17} - (少量)Ni + H_2 \longrightarrow LaH_3 + MgH_2 + Mg_2NiH_4$$

$$(4\text{-}11)$$

表明 Ni 已经完全进入到材料的晶格体系中，并形成了含镍的氢化物。然而，通过放氢后测试的 XRD 发现，放氢过程不是可逆的，其中只有氢化物稳定性较差的部分 Mg$_2$NiH$_4$ 发生分解。放氢反应为：

$$Mg_2NiH_4 \longrightarrow Mg_2NiH_{0.3} + H_2 \uparrow \qquad (4\text{-}12)$$

La$_2$Mg$_{17}$-50% Ni 复合材料的放氢过程不完全，与生成氢化物的稳定性有密切的关系。放氢反应进行的主要依据是氢化物的生成焓，生成焓的大小顺序是 Mg$_2$NiH$_4$[16] > MgH$_2$[17] > LaH$_3$[18]。含 Ni 的氢化物更容易释放 H$_2$。因此，我们认为，加入 Ni 粉后形成含镍的氢化物，有效地降低了材料氢化物的稳定性，有利于放氢过程。

随着 Ni 加入量的增大，球磨 80h 后形成了很多尖锐的 Ni 峰，表明有部分 Ni 没能完全的进入 La$_2$Mg$_{17}$材料的晶格中。Ni 的加入量为200% 时，增加了 Ni 与 La 和 Mg 元素结合的机会，吸氢后主要以 Mg$_2$NiH$_4$ 为主。没有形成过多的氢化物杂相结构。而 Mg$_2$NiH$_4$ 氢化物的稳定性均低于 LaH$_3$、MgH$_2$ 氢化物而增大了材料的放氢量。吸氢过程可以总结为：

$$La_2Mg_{17} - (大量)Ni + H_2 \longrightarrow Mg_2NiH_4 \qquad (4\text{-}13)$$

图 4-12 与图 4-11 对比，整体的峰值有明显的宽化现象，材料颗粒进一步减小，从 La$_2$Mg$_{17}$-200% Ni 复合材料中 La$_2$Mg$_{17}$的吸氢量明显小于 La$_2$Mg$_{17}$-50% Ni 中 La$_2$Mg$_{17}$的吸氢量的结论来看，过小的晶体颗粒不利于 H 原子的进入。

4.3 本章小结

通过机械材料化法将不同质量比的 Ni 粉加入到 La$_2$Mg$_{17}$材料中，制备了新型的 La$_2$Mg$_{17}$-x% Ni(x =0，50，100，150，200) 复合材料。着重考察了添加 Ni 粉对材料相结构、微观形貌、贮氢热力学性能和电化学性能的影响以及作用机理。主要结论如下：

（1）通过对铸态 La$_2$Mg$_{17}$材料、球磨 80h 的 La$_2$Mg$_{17}$材料和 La$_2$Mg$_{17}$-x% Ni(x =50，100，150，200) 复合材料的 XRD 图谱分析发现，球磨工艺使材料的颗粒细化，衍射峰宽化。同时，添加 Ni 粉，进一步加剧了材料颗粒的细化，且随着 Ni 添加量的增加，非晶/纳米晶的衍射峰宽化严重。SEM 形貌也观察到了材料颗粒细化的趋势。

（2）La$_2$Mg$_{17}$材料中加入不同含量的 Ni 粉，HRTEM-SAED 和 XRD 结果表明：球磨过程中生成了大量的 Mg$_2$Ni，吸氢后产生了 MgH$_2$、LaH$_3$ 和 Mg$_2$NiH$_4$。放氢过程中只有部分 Mg$_2$NiH$_4$ 发生分解。Ni 的添加有利于形成 La$_2$Mg$_{17}$通过球磨工艺转变成了稳定性较差的 Mg$_2$NiH$_4$，有助于材料放氢。

（3）在不同 Ni 添加量的情况下，发现添加 50% Ni 时材料的吸氢量最大，可以达到 5.130%，使 La$_2$Mg$_{17}$材料的最大吸氢量提高 3.5 倍，且动力学性能最好，能在 1min 内可完成最大吸氢量的 88.30%。通过改变 La$_2$Mg$_{17}$-50% Ni 材料的吸放氢温度和压力，确定在最佳吸氢条件为：300℃，3MPa。P-C-T 实验结果和 Van't Hoff 方程计算得出，加入 50% Ni 后，La$_2$Mg$_{17}$的生成焓从 -26.2kJ/mol 降低至 -21.08kJ/mol，可能是由于形成 Mg$_2$NiH$_4$ 导致的。同时，DSC 和 Kissinger 方程计算表明，加入 Ni 粉后 La$_2$Mg$_{17}$材料的放氢温度从 337.39℃降至 242.39℃，降幅为 95℃；材料的活化能从 370.26kJ/mol 增加至 93.28kJ/mol。

参 考 文 献

[1] Chen C P, Liu B H, Li Z P, et al. The activation mechanism of Mg-based hydrogen storage alloys[J]. Phys. Chem. N. F. 1993, Bd. 181: 259~267.

[2] Dutta K, Srivastava O N. Synthesis and hydrogen storage characteristics of the composite alloy $La_2 Mg_{17}$-xwt. % $MmNi_{4.5} Al_{0.5}$[J]. Int. J. Hydrogen Energy, 1993, 18: 397~403.

[3] Wang Er-de. Hydrogen storage properties of nanocrystalline Mg-Ni-MnO_2 made by MA[J]. Trans Nonferrous Met So China, 2002, 12(2):227~232.

[4] Khrussanova M, Terzieva M, Peshev P. On the hydriding kinetics of the alloys $La_2 Mg_{17}$ and $La_{2-x} Ca_x Mg_{17}$[J]. Int. J. Hydrogen Energy, 1986, 11(5):331~334.

[5] PAL K. Synthesis characterization and hydrogen absorption studies of the composite materials $La_2 Mg_{17}$-x wt. % $LaNi_5$[J]. Journal of materials science, 1997, 32: 5177~5184.

[6] Senegas J, Mikou A, Pezat M, et al. Localisation et diffusion de l' hydrogene dans le systeme $Mg_2 Ni H_2$: Etude par RMN de $Mg_2 NiH_{0.3}$ et $Mg_2 NiH_4$[J]. J Solid State Chem, 1984, 52: 1~11.

[7] Genossar J, Rudman P S. Structural transformation in $Mg_2 NiH_4$[J]. J Phys Chem Solids, 1981, 42: 611~616.

[8] Darnaudery J P, Pezat M, Darriet B, et al. Etude des transformations allotropeques de $Mg_2 NiH_4$[J]. Mater Res Bull, 1981, 16: 1237~1244.

[9] Martínez-Coronado R, Retuerto M, Torres B, et al. High-pressure synthesis, cystal structure and cyclability of the $Mg_2 NiH_4$ hydride[J]. International Journal of Hydrogen Energy, 2013, 38: 5738~5745.

[10] Lei Xie, Yang Liu, Xuanzhou Zhang, et al. Catalytic effect of Ni nanoparticles on the desorption kinetics of MgH_2 nanoparticles[J]. Journal of alloys and Compounds, 2009, 482: 388~392.

[11] 张健, 周惦武, 刘金水. 高、低温 $Mg_2 NiH_4$ 相结构稳定性的第一原理计算[J]. 中国有色金属学报, 2008, 18(9):1686~1691.

[12] 周广有, 郑时有, 方方, 等. Ti 掺杂的 MgH_2 和 $Mg_2 NiH_4$ 的放氢性能[J]. 化学学报, 2008, 66(9):1014~1037.

[13] Eisenberg F G, Zagnoli D A. The effect of surface nickel on the hydriding -dehydriding kineties of MgH_2[J]. J. Less-Common Met. , 1980, 74: 323~331.

[14] Dalin Sun, Franz Gingl, Yumiko Nakamura, et al. In situ X-ray diffraction study of hydrogen-induced phase decomposition in $LaMg_{12}$ and $La_2 Mg_{17}$[J]. Journal of Alloys and Compounds, 2002, 333: 103~108.

[15] Khrussanova M, Pezat M, Darriet B, et al. Le Stockage de l' hydrogdene par les alliages $La_2 Mg_{17}$ et $La_2 Mg_{16} Ni$[J]. Journal of the Less-Common Metals, 1982, 86: 153~160.

[16] Dieter Ohlendorf, Howard E. Flotow. Heat capacities and thermodynamic functions of LaNi₅, LaNi₅H₀.₃₆ and laNi₅H₆.₃₉ from 0 to 300K[J]. Journal of the Less Common Metals, 1980, 13: 25 ~ 32.

[17] Miedema A R. The electronegativity parameter for transition metals: Heat of formation and charge transfer in alloys[J]. Journal of the Less Common Metals. 1973, 32: 117 ~ 136.

[18] Kuriyama N, Sakai T, Miyamura H, et al. Electrochemical impedance behavior of metal hydride electrodes[J]. Journal of Alloys and Compounds, 1993, 202: 183 ~ 197.

5　球磨工艺对 La_2Mg_{17}-Ni 复合材料吸放氢性能的影响

机械材料化（MA）或机械磨碎法（MG）是制备细粉粒的固态反应方法。在制备过程中，将不同的元素组分放入球磨机内，在磨球的碰撞挤压下，发生强烈的塑性变形，不同的元素组分冷焊在一起，随后发生断裂、冷焊、断裂、并不断地重复进行，使得粉粒总是在最短的尺度上以新鲜的原子面互相接触，最终实现在熔炼状态下才能达到的材料化的目的。

机械材料化通常在高能球磨机中进行。在材料化过程中，为了防止新生的原子面发生氧化，需要在球磨罐中通入惰性保护气体。机械材料化过程大致可分为四个阶段：（1）金属粉末在磨球的作用下产生冷间焊合及局部层状组分的形成；（2）反复地破裂及冷焊过程产生微小粒子，同时开始固相粒子间的扩散及固溶体的形成；（3）层状结构进一步细化和卷曲，单个粒子逐步转变成混合体系；（4）粉粒发生畸变形成亚稳结构[1]。

机械材料化最大的特点是可以制备熔点或密度相差较大的金属材料，因此非常适合于 La-Mg-Ni 系材料的制备或后处理。本章的机械材料化过程采用行星式高能球磨机，转速可以调控，在整个球磨过程中为了防止 Mg 的氧化，充入氩气作为保护气体，且全程装料、送料、取料过程全部在氩气保护的真空手套箱中进行。同时为了降低球磨过程中产生的热量导致的温度升高，采用球磨 3h，间隔 1h 的球磨循环程序。

机械材料化过程中球磨时间、球磨转速、球料比以及过程控制剂等参数对球磨材料的结构影响是非常大的[2]。通过机械材料化过程通常形成晶态、非晶态和纳米尺寸的材料，主要与材料的化学组成和球磨参数密切相关。在机械材料化的过程中，外部能量的输入使得整个体系的比表面能很高，粉末的畸变加大，产生的相变具有非平衡性和强制性的特点[3]。因此，本章着重考虑了球磨参数对材料的晶相结构和贮氢性能的影响。若进行全面试验，则试验因规模庞大，耗时过长而难以实施。而正交试验设计可安排多因素试验、寻求最优水平组合，是一种高效率试验设计方法。

5.1 球磨参数对 La_2Mg_{17}-50%Ni 复合材料的贮氢性能的影响

5.1.1 正交试验球磨参数的设定

机械材料化在操作过程中的缺点是：金属粉末之间，粉末与磨球及容器壁间容易发生粘连，使材料粉末损失严重，且会发生球磨不均匀，严重团聚和引入杂质等问题。研究者们为此想了很多改善方案，如加入庚烷[4]、环己烷[5]、正十一烷[6]、正辛烷[7]、硅油[8]等。

本节通过加入有机溶剂四氢呋喃（THF），石油醚对 La_2Mg_{17}-50%Ni 复合材料的晶体内部进行作用，同时改变球磨时间、球磨转速、球料比，考察其对复合材料贮氢性能的影响，设计了三水平四因素的正交试验，表头设计如表 5-1 所示。

表 5-1 正交实验表头因子设定

合金序号	球磨时间/h	球磨转速/r·min^{-1}	球料比	过程控制剂
1	80	250	20:1	Ar
2	100	350	10:1	Ar
3	120	450	40:1	Ar
4	80	450	10:1	石油醚
5	100	250	40:1	石油醚
6	120	350	20:1	石油醚
7	80	350	40:1	THF
8	100	450	20:1	THF
9	120	250	10:1	THF

5.1.2 球磨参数对复合材料吸氢性能的影响

不同参数下球磨后材料的贮氢性能实验在 P-C-T 气态贮氢测试仪中进行。然而，吸放氢温度对材料的最大吸氢量和吸氢速率的影响是

至关重要的。因此，本节对氢压为 3MPa 时，250℃、300℃、320℃
三个不同温度下，不同球磨参数的 La$_2$Mg$_{17}$-50% Ni 复合材料的最大吸
氢量和吸氢速率值进行了实验，结果列于表 5-2。

表 5-2　La$_2$Mg$_{17}$-50%Ni 复合材料不同温度下的正交试验样品的
最大吸氢量和 5min 内的吸氢量

合金序号	温度/℃	最大吸氢量（质量分数）/%	5min 内的吸氢量/%	5min 内吸氢比例/%
1	250	4.856	3.683	75.84
	300	4.982	4.635	93.04
	320	4.284	3.795	88.59
2	250	4.325	3.153	72.91
	300	4.482	4.098	91.43
	320	4.349	3.164	72.75
3	250	3.963	2.567	64.76
	300	3.677	3.021	82.17
	320	3.935	3.371	85.67
4	250	3.086	2.517	81.58
	300	3.962	3.173	80.08
	320	4.254	3.942	92.67
5	250	4.047	3.546	87.62
	300	4.815	4.437	92.15
	320	4.806	4.265	88.73
6	250	3.348	2.678	79.97
	300	3.821	3.081	80.64
	320	2.837	2.088	73.61
7	250	4.311	3.824	88.69
	300	4.874	4.598	94.34
	320	4.848	4.476	92.33
8	250	2.774	2.313	83.40
	300	3.323	3.053	91.87
	320	3.702	3.231	87.28
9	250	2.928	2.456	83.86
	300	3.038	2.814	92.64
	320	3.056	2.642	86.45

通过表 5-2 的 9 个样品的最大吸氢量和 5min 内的吸氢量可以看出，温度对材料的吸氢性能影响很大，且 La$_2$Mg$_{17}$-50% Ni 复合材料均在 300℃时的吸氢效果最好。因此，所有材料的吸氢速率曲线均在 300℃下进行，在不同球磨参数下的材料的吸氢动力学性能良好，在 5min 之内，达到最大吸氢量的 70% 以上。

5.2 正交试验影响因子讨论

正交试验结果通常用两种方法进行分析，一种是极差分析法，另一种是方差分析法。

5.2.1 极差分析法

通过极差分析法对 La$_2$Mg$_{17}$-50% Ni 复合材料的最大吸氢量（表 5-2）进行了分析，结果如表 5-3 所示。

表 5-3 L$_9$(3^4) 正交试验在 300℃，3MPa 下的结果分析

合金序号	球磨时间/h	球磨转速 /r·min^{-1}	球料比	过程控制剂	最大吸氢量 （质量分数）/%
1	80	250	20∶1	Ar	4.982
2	100	350	10∶1	Ar	4.482
3	120	450	40∶1	Ar	3.677
4	80	450	10∶1	石油醚	3.962
5	100	250	40∶1	石油醚	4.815
6	120	350	20∶1	石油醚	3.821
7	80	350	40∶1	THF	4.874
8	100	450	20∶1	THF	3.323
9	120	250	10∶1	THF	3.038
K_1	4.606	4.278	4.042	4.380	—
K_2	4.206	4.392	3.827	4.199	—
K_3	3.512	3.654	4.455	3.745	—
R	1.094	0.738	0.628	0.635	—

根据极差值 R 的大小可以初步判断：球磨时间对复合材料的最

大吸氢量的影响最大，其次是球磨转速和过程控制剂，影响最小的是球料比。La_2Mg_{17}-50% Ni 复合材料的最大吸氢量的最优水平球磨参数组合为：球磨 80h、转速 350r/min、球料比 40：1、过程控制剂 Ar 气氛。

5.2.2 方差分析法

方差分析就是将因素水平（或交互作用）的变化引起的实验结果间的差异与误差的波动所引起的实验结果间的差异区分开来的一种数学方法。

利用 SPSS statistics 软件对正交试验的结果进行方差分析，如表 5-4 所示。

表 5-4　SPSS 方差的单变量分析结果

源	因变量	F	Ⅲ型平方和	df	均　方
模　型			69.294	9	7.699
球磨时间/h	100	2.804	0.751	2	0.376
	120	1.925			
	80	3.487			
球磨转速 /r·min^{-1}	250	3.268	0.422	2	0.211
	350	2.928			
	450	2.019			
过程控制剂	Ar	2.920	0.286	2	0.143
	THF	2.496			
	石油醚	2.799			
球料比	20：1	2.645	0.251	2	0.125
	10：1	2.541			
	40：1	2.897			
误　差			0.000	0	
总　计			69.294	9	

F 检验结果表明，四个因素对复合材料的吸氢量均有不同程度的影响。究其是以球磨时间的影响最大。此时，可直观地从表 5-4

中选择平均数较大的水平 A3、B2、C1、D3 组合成最优水平组合；
分别对应于球磨时间 80h、转速 350r/min、球料比 40∶1 和过程控
制剂 Ar。

根据极差分析法和方差分析法确定了 La$_2$Mg$_{17}$-50％Ni 复合材料中
球磨时间对最大吸氢量的影响最大。为了考察球磨时间与吸氢动力学
性能的影响，表 5-5 列出了 9 个样品的 5min 内的吸氢量及吸氢比例
的数据。

表 5-5   La$_2$Mg$_{17}$-50％Ni 复合材料 300℃、3MPa 下 5min 内的吸氢数据

合金序号	球磨时间/h	5min 内的吸氢量 （质量分数）/%	5min 内的 吸氢比例/%
1	80	4. 635	93. 04
2	100	4. 098	91. 43
3	120	3. 021	82. 17
4	80	3. 173	80. 08
5	100	4. 437	92. 15
6	120	3. 081	80. 64
7	80	4. 598	94. 34
8	100	3. 053	91. 87
9	120	2. 814	92. 64

表 5-5 表明，当球磨时间为 80h，La$_2$Mg$_{17}$-50％ Ni 复合材料在
5min 内的吸氢速率较快，此时材料的吸氢动力学性能最好。

5.3 球磨时间对 La$_2$Mg$_{17}$-50％Ni 材料气态贮氢性能的影响

通过以上正交试验分析表明球磨时间对 La$_2$Mg$_{17}$-50％ Ni 复合材料
的最大吸氢量以及吸氢动力学性能的影响最大。因此在最优球磨组合
条件下，具体考察了球磨时间对 La$_2$Mg$_{17}$-50％ Ni 复合材料相结构、微
观结构和贮氢性能的影响。

5.3.1 球磨时间对 La_2Mg_{17}-50%Ni 微观结构的影响

球磨时间作为影响最大的因素，考察了 60h、80h、100h 和 120h，球磨转速为 350r/min，球料比为 40:1，球磨环境为 Ar 保护气氛的材料的微观结构和吸放氢性能的影响。四个不同球磨时间下的复合材料的 XRD 分析结果如图 5-1 所示。由图 5-1 可见，衍射峰随着球磨时间的延长，衍射强度逐渐降低、宽化，这说明随着球磨时间的增加，材料的非晶/纳米晶化的程度加剧。

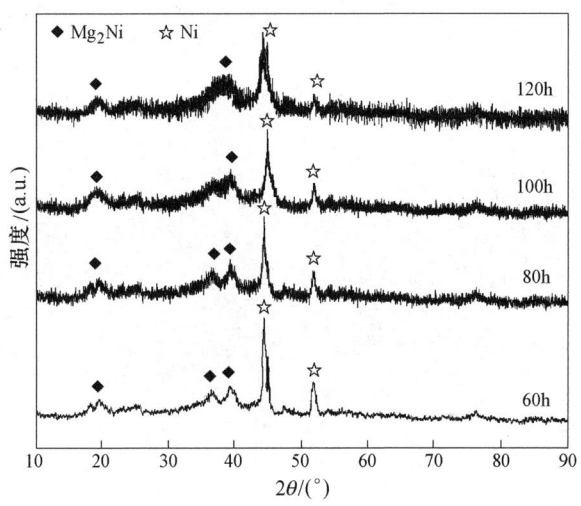

图 5-1 La_2Mg_{17}-50%Ni 复合材料在不同球磨时间的 XPD 图谱

如图 5-2 所示是 La_2Mg_{17}-50%Ni 经 60h、80h、100h 和 120h 球磨后的高分辨透射电镜（HRTEM）形貌及选区的电子衍射（SAED）花样。从 4 组高倍率透射电镜图可以看出：整体上，材料呈现非晶和纳米晶共存的现象，且存在团聚现象，即使经乙醇超声波分散 30min 后看到的仍然是团聚体。晶面间距分析得到 Mg_2Ni 和 Ni 的晶面，形貌图中的黑色区域大部分为 Ni 颗粒，Ni 颗粒被非晶相包裹。选区的 SAED 图显示为宽化的多环结构，经测量与 PDF 卡对照，得出外环分别对应于 $Mg_2Ni(100)$、$Mg_2Ni(200)$ 和 Ni(111) 晶面。球磨后的复合材料主要是纳米晶，局部区域为非晶。

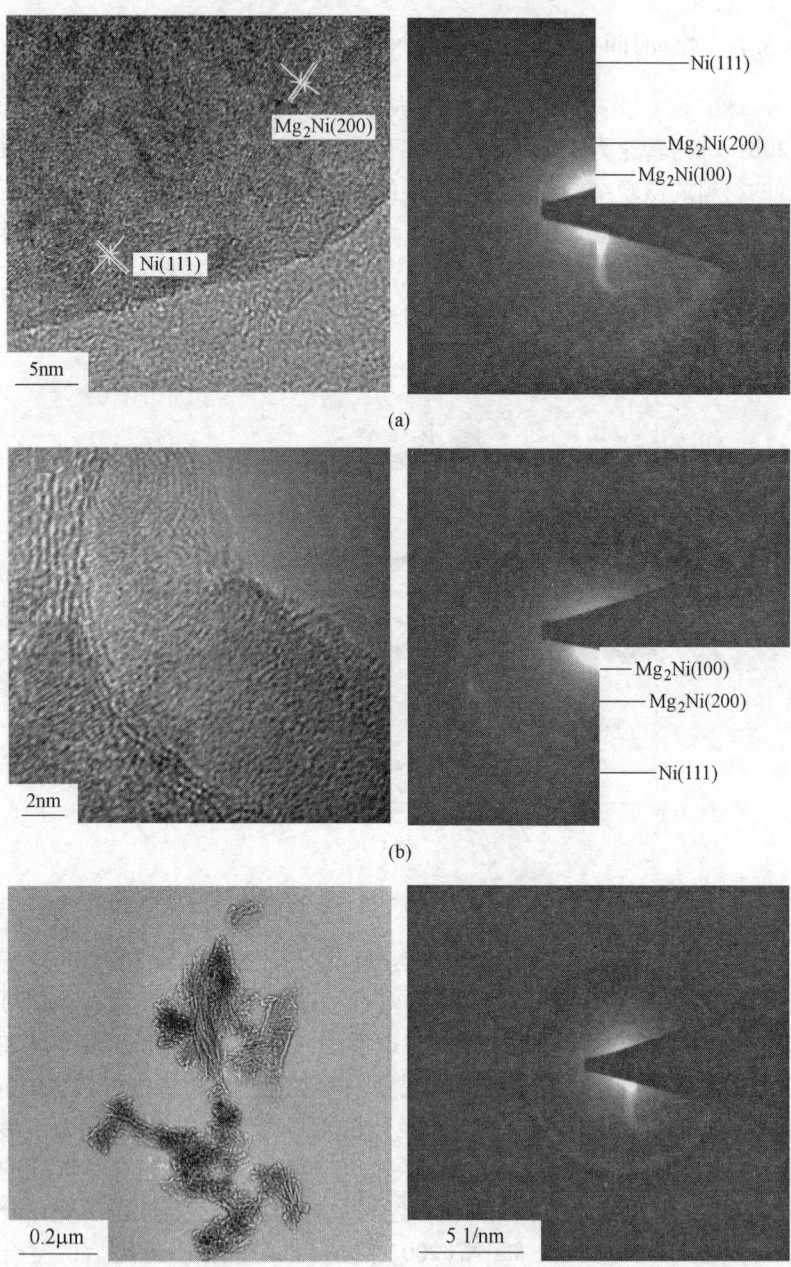

(a)

(b)

(c)

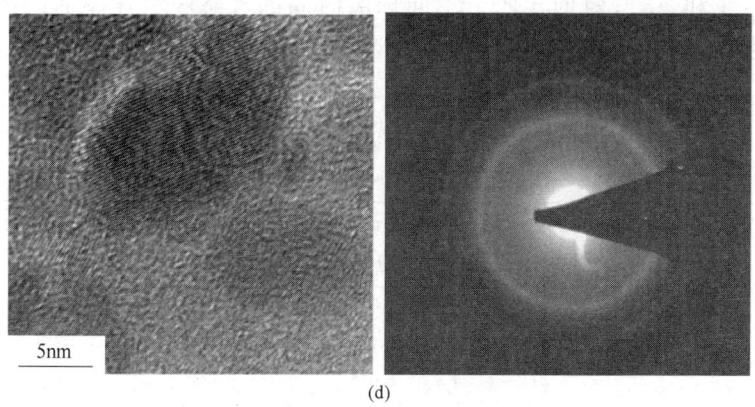

(d)

图 5-2 不同球磨时间的 La$_2$Mg$_{17}$-50% Ni 复合材料的透射电镜和电子衍射图
(a) 60h;（b) 80h;（c) 100h;（d) 120h

5.3.2 球磨时间对 La$_2$Mg$_{17}$-50%Ni 气态吸放氢性能的影响

不同的球磨时间对 La$_2$Mg$_{17}$-50% Ni 复合材料的相结构和微观结构有很大的影响，那么这么大的结构变化是否会影响到 La$_2$Mg$_{17}$-50% Ni 复合材料的贮氢性能呢？如图 5-3 所示为转速为 350r/min、球料比为

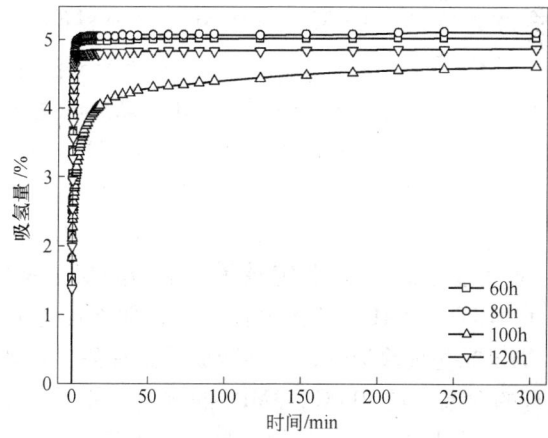

图 5-3 不同球磨时间的 La$_2$Mg$_{17}$-50% Ni 材料在 300℃、
3MPa 下的吸氢速率曲线

40：1 和 Ar 气氛时，四个不同球磨时间的气态吸氢速率曲线图。
La_2Mg_{17}-50% Ni 复合材料的最大吸氢量和 1min 内的吸氢量列于表
5-6。

表 5-6　La_2Mg_{17}-x%Ni（x = 50，100，150，200）复合材料
在不同球磨时间的吸氢量

合　金	球磨时间/h	最大吸氢量（质量分数）/%	1min 内吸氢量（质量分数）/%	1min 内吸氢比例/%
La_2Mg_{17}-50% Ni	60	5.031	4.413	87.7
	80	5.130	4.530	88.3
	100	4.616	2.460	53.3
	120	4.872	4.130	84.8

结合图 5-3 和表 5-6 可以看出，随着球磨时间从 60h 增加到
120h，最大吸氢量先增大后减小，球磨时间为 80h 时，材料具有最大
吸氢量高达 5.130%；同时，1min 内的吸氢量就可以达到 4.530%，
是最大吸氢量的 88.3%，吸氢动力学性能较好。这可能与材料的相
结构逐渐形成纳米晶和非晶有关。

5.4　本章小结

为了考察球磨参数对 La_2Mg_{17}-50% Ni 复合材料最大吸氢量的影
响，设计了三因素四水平的正交试验，通过极差分析法和方差分析法
得出最优水平球磨参数是：球磨时间为 80h、球磨转速为 350r/min、
球料比为 40：1 和过程控制剂为 Ar 气氛。且 La_2Mg_{17}-50% Ni 复合材
料在 300℃的吸氢效果较好。

重点考察了球磨参数中影响力最大的球磨时间对 La_2Mg_{17}-50% Ni
复合材料贮氢性能的影响，设定球磨时间为 60h、80h、100h 和
120h。XRD 和 HRTEM-SAED 结构表征发现，随着球磨时间的延长，
材料的非晶-纳米晶化现象加剧，球磨造成团聚现象，且观察到 Ni 单
晶被非晶包裹的现象。在 300℃，3MPa 的测试条件下，La_2Mg_{17}-50%
Ni 复合材料在球磨时间为 80h 时具有最好的吸氢量，最大吸氢量达
到 5.130%，接近理论贮氢量，在 1min 内的吸氢量达到最大吸氢量
的 88.3%，吸氢动力学性能较好。

参 考 文 献

[1] Sundaresen R, Frose FH. Mechanical Alloying[J]. J. Metals, 1987, 39(8):22~27.

[2] 胡锋, 张羊换, 雍辉, 等. 机械材料化过程中各种因素对贮氢材料结构和性能的影响 [J]. 功能材料, 2011, 6(42):971~975.

[3] Abdellaoui M, Gaffet E. The physics of mechanical alloying in a planetary ball mill: Mathematical treatment[J]. Acta Metallurgica et Materialia, 1995(43):1087~1098.

[4] Hiroki Sakaguchi, Takuo Sugioka, Gin-ya Adachi. Hydrogen absorption characteristics of crystalline LaNi$_5$ prepared by mechanical alloying [J]. Chemistry Letter, 1995, 24 (7): 561~566.

[5] Hongzhong Chi, Changpin Chen, Yue An, et al. Hydriding/dehydriding properties of La$_2$Mg$_{16}$ Ni alloy prepared by ball milling in different milling environments[J]. Journal of Alloys and Compounds, 2004, 373: 260~264.

[6] Johnson J R, Reilly J J. Kinetics of Hydrogen Absoprtion by Metal Hydride Suspensions: The Syestms LaNi$_5$H$_x$/n-Octane and LaNi$_{4.7}$Al$_{0.3}$H$_x$/n-Undeenae[J]. Z. Phys. Chem. N. F. , Bd. 1986, 147: s. 263~272.

[7] Reilly J J, Johnson J R. The kineties of absorption of hydrogen by LaNi$_5$Hx-n-undeeanesuspensions[J]. J. Less-Common Met. , 1984, 104: 175~190.

[8] Reilly J J, Johnson J R, Gamo T. The Kinetics of the Absorption of Hydrogen by LaNi$_5$H$_x$-Undeeane Suspensions[J]. J. Less-Common Met. , 1987, 131: 41~49.

6　催化剂 CeO_2 对 La_2Mg_{17}-Ni 复合材料气态贮氢性能的影响

通过关于 La_2Mg_{17}-$x\%$ Ni($x=0$，50，100，150，200）的热力学和电化学性能表征的结果发现，Ni 的加入量为 50% 时，可以有效地提高其最大吸氢量和吸氢动力学性能，同时也降低了材料放氢温度，有效地改善了其放氢性能。而在 La_2Mg_{17} 中加入 200% Ni 使其具有较高的电化学性能。提高材料的最大吸氢量是获得好的贮氢材料的基础，而提高 La-Mg-Ni 材料的放氢性能，才是突破其应用的主要瓶颈。

众所周知，CeO_2 在很多领域被应用为材料，且 CeO_2 只能在 2000℃，15MPa 下发生吸氢反应，生成三氧化二铈。因此选择加入纳米级 CeO_2，考察其对 La_2Mg_{17}-50% Ni，La_2Mg_{17}-200% Ni 复合材料的吸氢过程和放氢过程影响。

6.1　添加催化剂 CeO_2 对 La_2Mg_{17}-Ni 复合材料的相结构和微观结构的影响

La_2Mg_{17}-$x\%$ Ni-$y\%$ CeO_2（$x=50$，200；$y=0$，0.5）复合材料的 X 射线衍射图谱如图 6-1 所示。从图 6-1 中可以看出，球磨 80h 的 La_2Mg_{17}-50% Ni 复合材料中形成了大量的 Mg_2Ni 材料，还有部分 Ni 未与 La，Mg 结合。加入纳米 CeO_2 球磨后，在 28.5° 处出现一个小峰，归属于 CeO_2。经球磨 80h 后 La_2Mg_{17}-200% Ni 衍射峰在 30°~50° 出现典型的非晶/纳米晶宽化峰，且有 28.5° 和 45° 出现 CeO_2 和 Ni 的归属峰。在 La_2Mg_{17}-200% Ni 复合材料中加入纳米 CeO_2 后，35°~50° 衍射峰变宽，峰强减弱，这表明加入 CeO_2 后材料的非晶/纳米晶化程度加剧，材料颗粒细化。

La_2Mg_{17}-50% Ni 复合材料中加入纳米 CeO_2 前后的材料 SEM 形貌图和 EDS 能谱分析图如图 6-2 所示。从图 6-2 中可以看出，La_2Mg_{17}-

50% Ni 复合材料具有微米级的晶粒尺寸，出现团聚现象；形貌图的右侧为对应材料的 EDS 能谱分析图，定性的表明材料中的 La、Mg、Ni 元素和少量的杂质元素。加入 CeO_2 后，图6-2(b)中可以看见附在材料表明的小颗粒，对小颗粒做 EDS 能谱分析结果如右侧所示，证明 CeO_2 已经附在材料表面上。

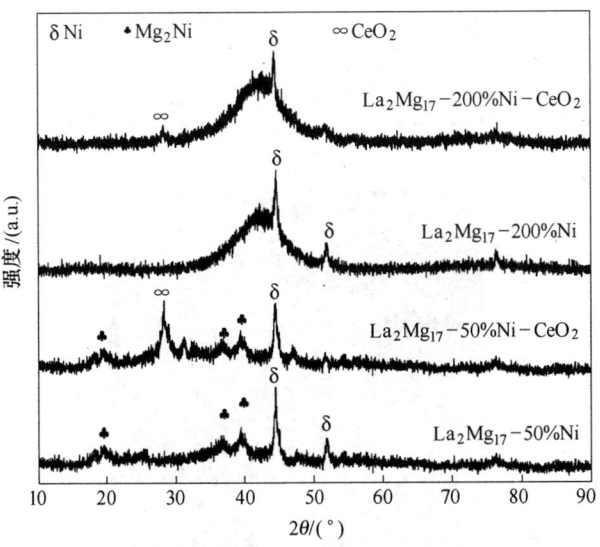

图 6-1　La_2Mg_{17}-$x\%$ Ni-$y\%$ CeO_2（$x = 50$，200；$y = 0$，0.5）材料的 XRD 图谱

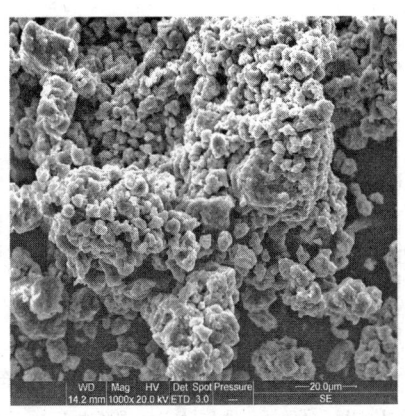

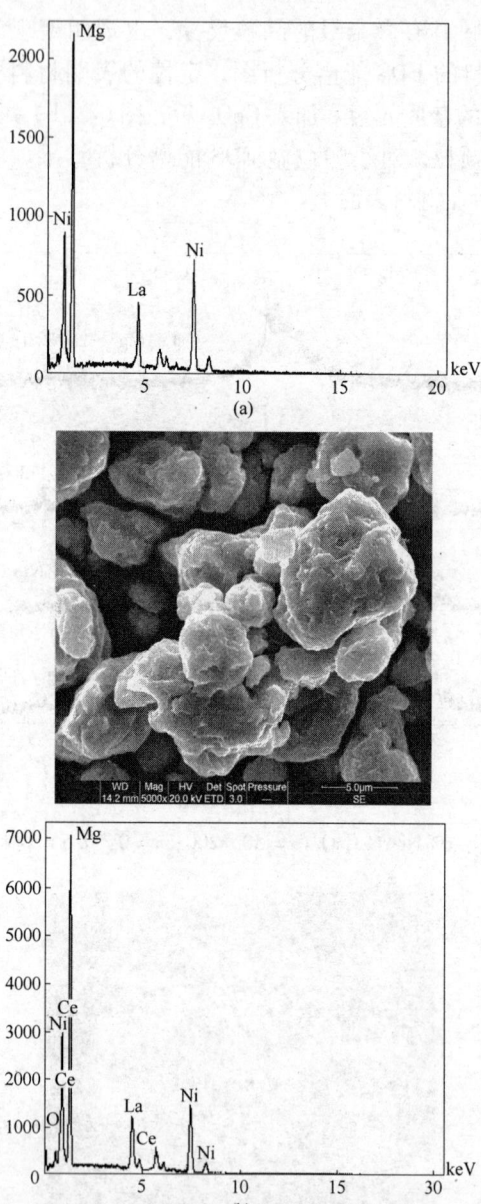

图 6-2　La₂Mg₁₇-50%Ni-y%CeO₂(y=0, 0.5 材料的 SEM 形貌图和 EDS 能谱分析图

(a) La₂Mg₁₇-50%Ni；(b) La₂Mg₁₇-50%Ni-0.5%CeO₂

La_2Mg_{17}-200% Ni 复合材料加入纳米 CeO_2 前后的材料 SEM 形貌图和 EDS 能谱分析图如图 6-3 所示。从图 6-3 中可以看出，材料颗粒

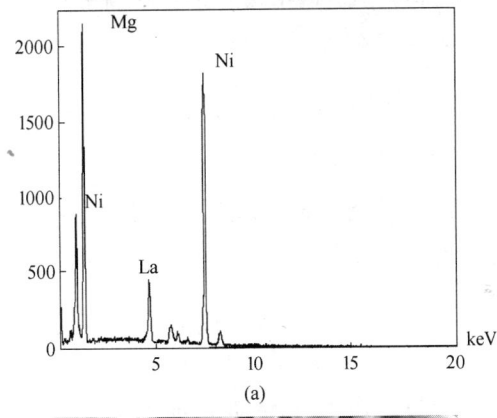

(a)

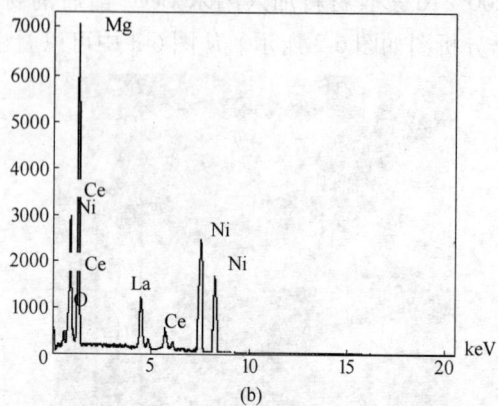

图 6-3　La$_2$Mg$_{17}$-200%Ni-y%CeO$_2$(y=0, 0.5)材料的 SEM 形貌图和 EDS 能谱分析图
（a）La$_2$Mg$_{17}$-200%Ni；（b）La$_2$Mg$_{17}$-200%Ni-0.5%CeO$_2$

细化，同时也有颗粒团聚现象。EDS 能谱分析发现，材料中的 Ni 含量明显高于 La$_2$Mg$_{17}$-50%Ni 复合材料。

6.2　催化剂 CeO$_2$ 对 La$_2$Mg$_{17}$-50%Ni 复合材料气态吸放氢行为的影响

　　La$_2$Mg$_{17}$-50%Ni 具有较好的吸氢性能，在 300℃，3MPa 下最大吸氢量可达到 5.130%，1min 内可以完成最大吸氢量的 88.30%，吸氢动力学性能较好。本节主要研究加入纳米 CeO$_2$ 后，能否对 La$_2$Mg$_{17}$-50%Ni 复合材料的最大吸氢量以及其吸氢动力学性能有积极的作用。

6.2.1　催化剂 CeO$_2$ 对 La$_2$Mg$_{17}$-50%Ni 复合材料的吸氢性能的影响

　　如图 6-4 所示为 La$_2$Mg$_{17}$-50%Ni-y%CeO$_2$(y=0, 0.5) 复合材料在 200℃、300℃和 320℃，3MPa 氢压的吸氢条件下的气态吸氢速率曲线。从图 6-4 中可以看出，加入纳米 CeO$_2$ 均不同程度地提高了 La$_2$Mg$_{17}$-50%Ni 复合材料的最大吸氢量。不同温度下的最大吸氢量和 1min 内的吸氢量值列于表 6-1。结合图 6-4 和表 6-1 可以看出，在

200℃时加入纳米 CeO_2 使其最大吸氢量的提高幅度达到 0.471% 。在 300℃，3MPa 的测试条件下，加入纳米 CeO_2 不仅提高了材料的最大吸氢量同时使其 1min 内的吸氢速率从完成 88.30% 提高至 95.33% 。表明加入纳米 CeO_2 不仅提高了材料的最大吸氢量，同时对材料的吸氢动力学的改善也很显著。

表 6-1　La_2Mg_{17}-50%Ni-y%CeO_2 ($y=0$，0.5) 复合材料
在不同条件下的最大吸氢量

合　金	测量温度条件/℃	最大吸氢量/%	最大吸氢量增加量/%	1min 内的吸氢量/%	1min 内的吸氢比例/%
La_2Mg_{17}-50% Ni	200	4.938	+0.471	4.190	84.85
+ CeO_2	200	5.409		5.090	94.10
La_2Mg_{17}-50% Ni	300	5.130	+0.241	4.530	88.30
+ CeO_2	300	5.371		5.120	95.33
La_2Mg_{17}-50% Ni	320	5.033	+0.356	4.649	92.37
+ CeO_2	320	5.389		4.873	90.42

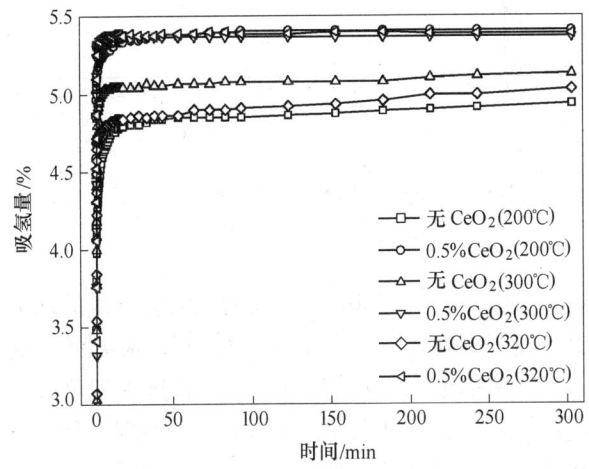

图 6-4　La_2Mg_{17}-50% Ni-y% CeO_2 ($y=0,0.5$) 复合材料在 3MPa，
不同温度下的吸氢速率曲线

从图 6-4 可知，加入纳米 CeO_2 后，La_2Mg_{17}-50% Ni 复合材料最大吸氢量均有不同程度的提高。接下来要讨论的是加入纳米 CeO_2 后，材料的最佳吸氢条件是否有所改变。图 6-5 列出了加入纳米 CeO_2 后，材料在 300℃，不同氢压下的吸氢速率曲线。

从图 6-5 中可以清晰地看出，加入纳米 CeO_2 后 La_2Mg_{17}-50% Ni 材料在 3MPa 下最大吸氢量高达 5.409%。La_2Mg_{17}-50% Ni-0.5% CeO_2 的最大吸氢量受吸氢温度影响的结果如图 6-6 所示，图中分别考察了 200℃、250℃、300℃ 和 320℃ 对材料最大吸氢量和吸氢动力学性能的影响。

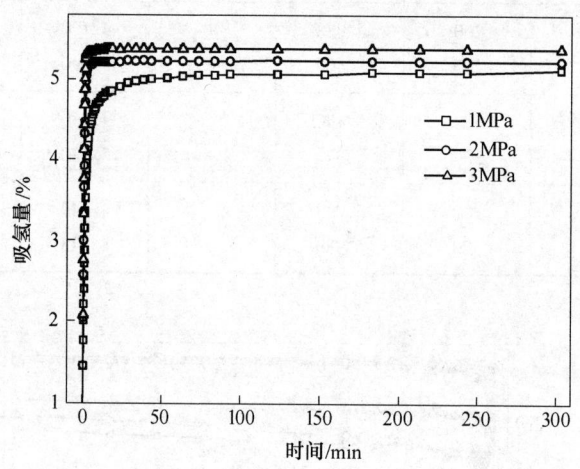

图 6-5 La_2Mg_{17}-50% Ni-0.5% CeO_2 材料在 300℃，
不同氢压下的吸氢速率曲线

图 6-6 右下角为 200～300min 区间的最大吸氢量的放大图，从图中可以看出，随着温度从 200℃ 增加到 320℃，最大吸氢量先减小后增大，在 200℃ 具有最好的最大吸氢量。导致这种现象可能有两个原因：一是贮氢材料吸放氢过程存在热效应，吸氢时，释放出的热量会导致温度升高而造成贮氢材料吸氢平台压的上升和吸氢速率的减缓，不利于吸氢过程；二是因为随着环境温度的增加，材料中所有元素的反应活性就会提高，增加与 H 原子的结合机会。两种原因相互作用，

最终导致材料随着反应温度的增高，最大吸氢量呈现先减小后增大的趋势。图 6-6 中左侧为吸氢动力学性能的放大图，表明 La_2Mg_{17}-50% Ni-0.5% CeO_2 复合材料在 200℃ 时最先达到了平衡状态，随着反应温度的提高，材料达到平衡的时间延长。表明材料在 200℃ 时具备了饱和吸氢能力。材料的动力学性能表明，在 200℃，3MPa 下 1min 内的吸氢量达到 5.090%，达到其最大吸氢量的 94.10%。

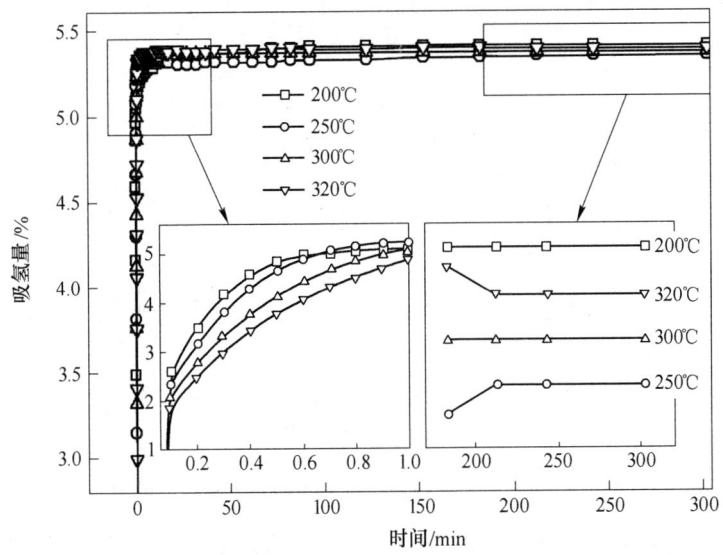

图 6-6　La_2Mg_{17}-50% Ni-0.5% CeO_2 材料在 3MPa，
不同温度下的吸氢速率曲线

通过以上分析可以确定，加入纳米 CeO_2 后使 La_2Mg_{17}-50% Ni 的最佳吸氢温度下降 100℃。实验过程中发现，加入纳米 CeO_2 后 La_2Mg_{17}-50% Ni 的活化次数也从 2 次减少到 1 次，活化时间非常短。吸氢动力学性能也从 1min 内 84.85% 提高到 94.10%。这可能是因为加入纳米 CeO_2 提高了 La_2Mg_{17}-50% Ni 复合材料表面的活性，并且有可能进入晶格中，促使更多晶界的形成，有利于间隙贮氢，增大了材料的吸氢量。

6.2.2 纳米 CeO$_2$ 对 La$_2$Mg$_{17}$-50%Ni 复合材料放氢性能的影响

加入纳米 CeO$_2$ 后，La$_2$Mg$_{17}$-50%Ni 复合材料的最大吸氢量和吸氢动力学性能均明显提高。为了更好地研究纳米 CeO$_2$ 对 La$_2$Mg$_{17}$-50%Ni 复合材料放氢性能的影响，对 300℃饱和吸氢后的 La$_2$Mg$_{17}$-50%Ni 复合材料在 5℃/min、10℃/min、15℃/min 和 20℃/min 的升温速率下进行了 DSC 分析，结果如图 6-7 所示。

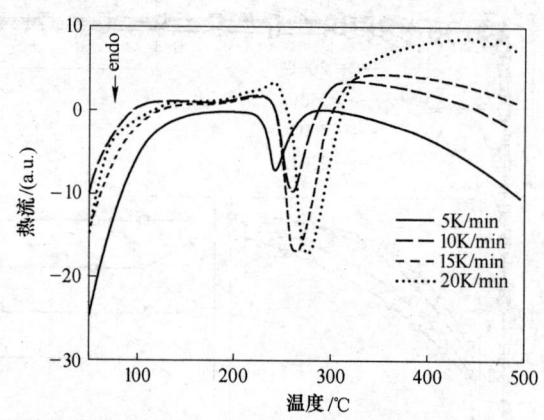

图 6-7 La$_2$Mg$_{17}$-50%Ni 材料吸氢后不同升温速率下的 DSC 图

通过图 6-7 发现，升温速率越大，热滞后效应越严重，图中峰位向高温方向移动。在吸氢后 La$_2$Mg$_{17}$-50%Ni 复合材料的测试中，峰位处材料开始放氢，此时对应温度即为放氢温度。复合材料的具体放氢温度列于表 6-2。

为了考察加入纳米 CeO$_2$ 后，对材料的放氢温度的影响，对 La$_2$Mg$_{17}$-50%Ni-0.5% CeO$_2$ 复合材料在 5℃/min、10℃/min、15℃/min 和 20℃/min 的升温速率下进行了 DSC 分析，结果如图 6-8 所示。

图 6-8 中的 DSC 中曲线的拐点峰位所对应的温度表征 La$_2$Mg$_{17}$-50%Ni-0.5% CeO$_2$ 复合材料的放氢温度，在不同的升温速率下，加入纳米 CeO$_2$ 后材料的具体放氢温度列于表 6-2 中。为了便于比较，选择 5℃/min 的升温速率，对加入纳米 CeO$_2$ 前后的材料放氢温度做了对比，结果如图 6-9 所示。

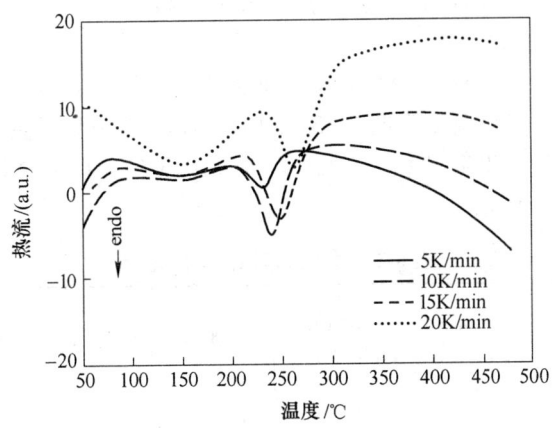

图 6-8 La₂Mg₁₇-50% Ni-0.5% CeO₂ 材料吸氢后的 DSC 图

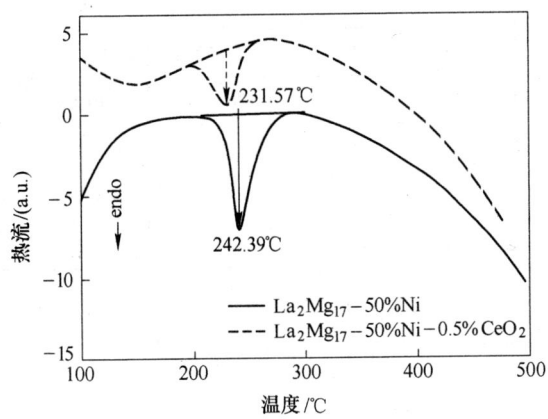

图 6-9 La₂Mg₁₇-50% Ni-y% CeO₂($y=0$，0.5)
材料吸氢后的 DSC 图

MgH₂ 的温度稳定性非常好，这是 Mg 基贮氢材料实现应用化的又一个瓶颈。MgH₂ 的放氢温度通常在 457℃[1]。而球磨工艺可以有效地将 MgH₂ 的放氢温度降至 403.9℃[2]。引入 Ni 粉后，形成大量的 Mg₂NiH₄ 氢化物，Senegas J 等[3]、Genossar J 等[4]、Darnaudery J P 等[5] 和 Martinez-Coronado R 等[6] 均报道 Mg₂NiH₄ 的放氢温度为

245℃，Hayakawa H 等[7] 则认为是 235℃，Vant't Hoff 方程理论计算结果偏高，是 298℃[8]。

图 6-9 中 Mg_2NiH_4 分解峰位放氢温度为 242.39℃。加入适量的纳米 CeO_2 后，分解温度降低至 231.57℃，降低了 10℃。在不同升温速率下，La_2Mg_{17}-50%Ni 和 La_2Mg_{17}-50%Ni-0.5%CeO_2 复合材料的放氢温度如表 6-2 所示。

表 6-2   材料放氢温度与活化能

合 金	升温速率 /℃·min^{-1}	放氢的峰值温度/℃	$1000T_P$	$\ln(\beta/T_P^2)$	活化能 /kJ·mol^{-1}
La_2Mg_{17} - 50%Ni	5	242.39	1.93971	-10.881	11.21928 × R = 93.28
	10	259.11	1.87880	-10.252	
	15	264.13	1.86120	-9.8650	
	20	275.24	1.82351	-9.6183	
+ CeO_2	5	231.57	1.9813	-10.839	10.68098 × R = 88.80
	10	239.39	1.95107	-10.176	
	15	246.74	1.92348	-9.799	
	20	262.15	1.86811	-9.571	

由表 6-2 中 5℃/min、10℃/min、15℃/min 和 20℃/min 等不同升温速率下的 DSC 放氢温度 T_P 可知，放氢温度均有不同程度的降低。

通过四个不同升温速率下 DSC 测试，利用 Kissinger 方程计算材料的活化能 E。Kissinger 方程如下：

$$\frac{d(\ln(\beta/T_P^2))}{d(1/T_P)} = -\frac{E}{R} \qquad (6-1)$$

式中，T_P 为峰值温度；β 为升温速率；E 为活化能；R 为气体常数，其值为 8.314。$\ln(\beta/T_P^2)$ 与 $1000/T_P$ 关系如图 6-10 所示，通过图中的斜率计算可以得到材料放氢反应的活化能，如表 6-2 所示。从表 6-2 中可以看出，纳米 CeO_2 的加入使 La_2Mg_{17}-50%Ni 复合材料的放氢温度从 242.39℃ 降低至 231.57℃，同时使放氢反应的活化能从 93.28kJ/mol 降低至 88.80kJ/mol，有效地提高了放氢反应速率。

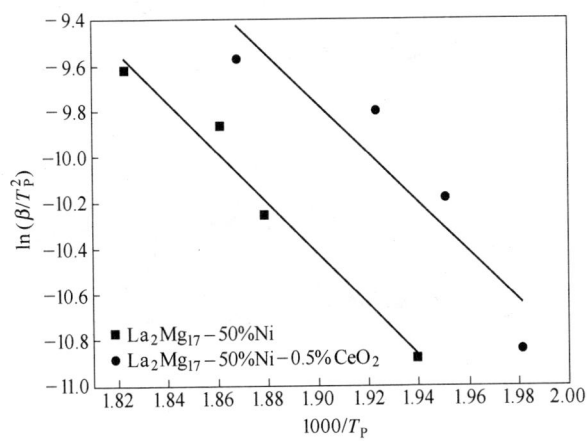

图 6-10 La₂Mg₁₇-50%Ni-y%CeO₂(y=0，0.5)
材料 $\ln(\beta/T_p^2)$ 与 $1000/T_p$ 关系图

6.2.3 催化剂 CeO₂ 对 La₂Mg₁₇-50%Ni 复合材料吸放氢影响分析

加入纳米 CeO₂ 后对 La₂Mg₁₇-50%Ni 复合材料的吸放氢性能影响非常大。在 200℃，3MPa 下，使 La₂Mg₁₇-50%Ni 复合材料的最大吸氢量从 4.938% 提高到 5.409%，吸氢动力学性能也在 1min 内从 84.84% 提高到 94.10%。而且在放氢过程中，纳米 CeO₂ 的加入使 La₂Mg₁₇-50%Ni 复合材料的放氢温度从 242.39℃ 降低至 231.57℃，同时使放氢反应的活化能从 93.28kJ/mol 降低至 88.80kJ/mol。为什么会产生这样的现象？究其结构方面的原因，如图 6-11 中所示为 La₂Mg₁₇-50%Ni-0.5%CeO₂ 复合材料球磨后，吸氢后，放氢后的相结构。放氢过程不完全，与生成氢化物的稳定性，有密切的关系。

从图 6-11 可以看出，加入纳米 CeO₂ 球磨后，图中曲线多了一个 CeO₂ 的特征峰，200℃，3MPa 下吸氢后，主要生成 Mg₂NiH₄、MgH₂

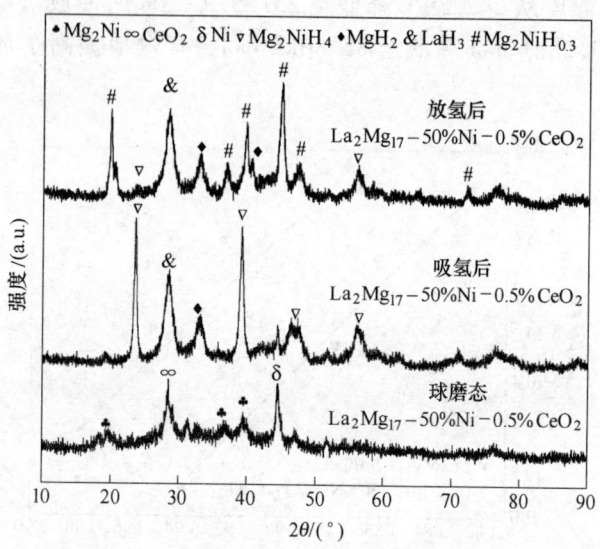

图 6-11   La₂Mg₁₇-50%Ni-0.5%CeO₂ 材料的 XRD 图谱

和 LaH₃。放氢后的曲线显示，只有部分 Mg₂NiH₄ 发生分解，而 MgH₂ 和 LaH₃ 无法发生分解。

为了考察加入纳米 CeO₂ 后对材料结构的影响，对 La₂Mg₁₇-50%Ni-0.5% CeO₂ 复合材料进行了高倍率透射电镜和选区电子衍射 SAED 测试，结果如图 6-12 所示。从图 6-12 中可以观察到晶格间距为 0.5096nm 的晶胞，通过与 PDF#40-1415 对比，可知是 LaMg₂ 的（220）方向的晶面。包裹在 LaMg₂ 晶格外面的绝大部分区域的晶格间距为 0.2256nm，与 PDF#35-1225 对照可知为 Mg₂Ni（200）方向的晶面。

La₂Mg₁₇-50%Ni-0.5% CeO₂ 复合材料选区的 SAED 图为多环结构，经测量从环心向外，其尺寸分别为 0.8390nm，对应 Ni 的（114）方向（PDF#45-1027）；0.11870nm，对应 Mg₂Ni 的（218）方向（PDF#35-1225）；0.16280nm，对应 La₂Mg₁₇ 的（116）方向（PDF#17-0399）；0.19070nm，对应 Mg₂Ni 的（220）方向（PDF#50-0777）；0.22300nm，对应 La₂Mg₁₇ 的（222）方向（PDF#17-0399）；0.27800nm，对应 Mg₂Ni 的（100）方向（PDF#19-0291）。

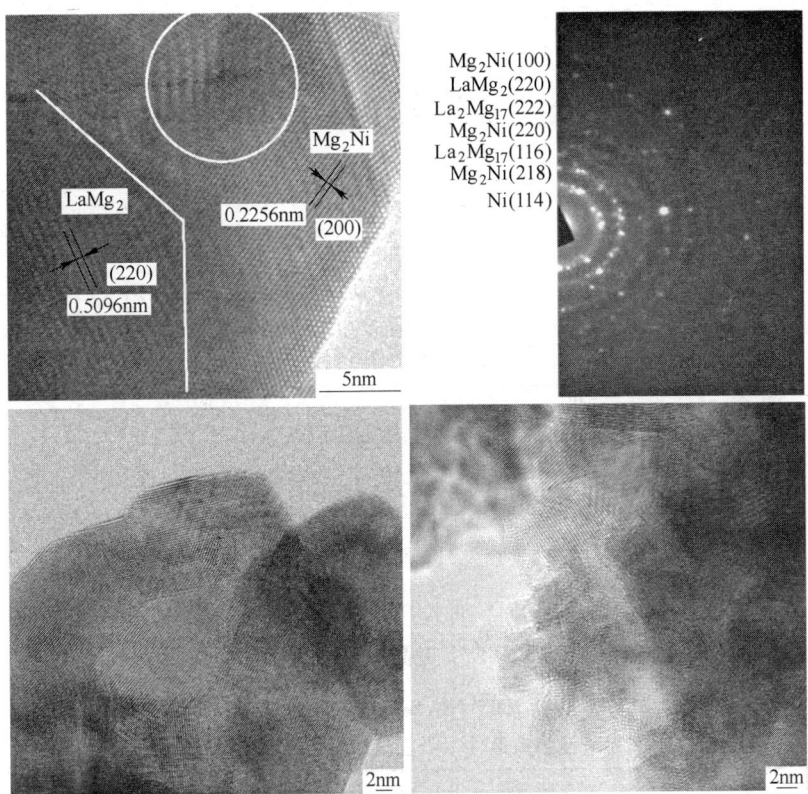

图 6-12 La$_2$Mg$_{17}$-50%Ni-0.5%CeO$_2$ 材料的透射电镜形貌图和电子衍射图像

6.3 La$_2$Mg$_{17}$-200%Ni-y%CeO$_2$ 的气态吸放氢行为

6.3.1 纳米 CeO$_2$ 对 La$_2$Mg$_{17}$-200%Ni 复合材料的吸氢性能影响

前期研究发现，La$_2$Mg$_{17}$-50%Ni 复合材料和 La$_2$Mg$_{17}$-200% Ni 复合材料的氢化反应是不同的，因此针对纳米 CeO$_2$ 对 La$_2$Mg$_{17}$-200% Ni 复合材料吸氢过程的影响进行了研究。已知 La$_2$Mg$_{17}$-50%Ni-0.5% CeO$_2$ 复合材料的最佳吸氢条件是 200℃，3MPa 氢压。在相同的条件下测试 La$_2$Mg$_{17}$-200% Ni-y%CeO$_2$(y=0, 0.5) 的气态吸氢速率曲线，结果如图 6-13 所示。

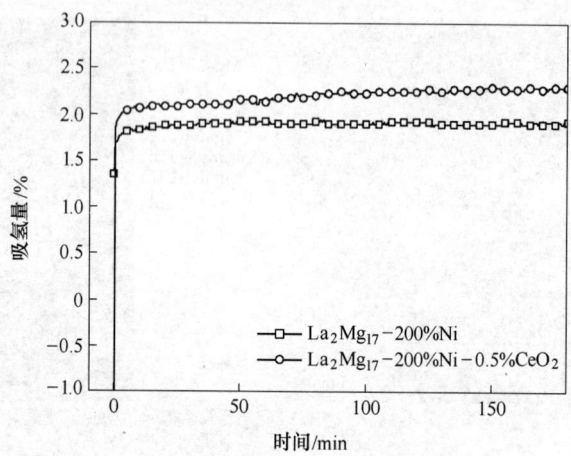

图 6-13 La$_2$Mg$_{17}$-200% Ni-y% CeO$_2$($y=0$, 0.5)
材料在200℃，3MPa下的吸氢速率曲线

从图 6-13 中可以看出，加入纳米 CeO$_2$ 后使 La$_2$Mg$_{17}$-200% Ni 复合材料的最大吸氢量从 1.929% 提高到 2.300%。具体结果见表 6-3。

表 6-3 La$_2$Mg$_{17}$-200%Ni-y%CeO$_2$($y=0$, 0.5) 复合材料
在最佳吸氢条件下吸氢量和吸氢速率的对比

吸氢条件	合金	最大吸氢量/%		增量（Hmax）	1min 内的吸氢量/%		1min 内的吸氢比例/%	
200℃ 3MPa	La$_2$Mg$_{17}$-200% Ni +y%CeO$_2$	$y=0$	1.929	+0.371	$y=0$	1.698	$y=0$	88.02
		$y=0.5$	2.300		$y=0.5$	1.922	$y=0.5$	83.57

6.3.2 纳米 CeO$_2$ 对 La$_2$Mg$_{17}$-200% Ni 复合材料的放氢性能影响

纳米 CeO$_2$ 在 La$_2$Mg$_{17}$-200% Ni 复合材料的吸氢过程中提高了材料的最大吸氢量，同时吸氢动力学性能较好。为了考察纳米 CeO$_2$ 对材料的放氢过程的影响，对 La$_2$Mg$_{17}$-200% Ni-y% CeO$_2$($x=0$, 0.5) 复合材料，在200℃，3MPa下饱和吸氢后，在10℃/min 的加热速率下进行了 DSC 分析，结果如图 6-14 所示。

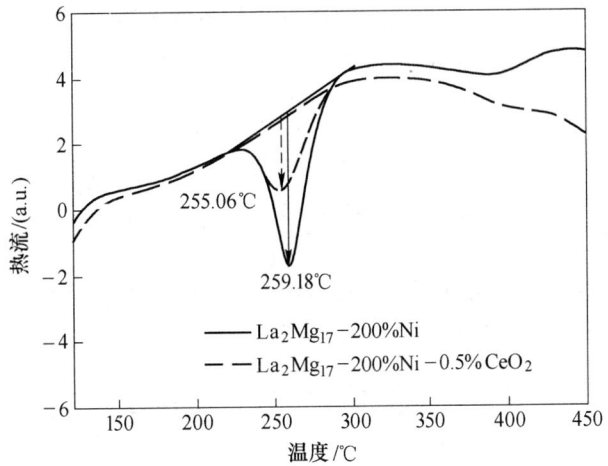

图 6-14　La₂Mg₁₇-200% Ni-y% CeO₂ (y = 0, 0.5)
材料在 200℃, 3MPa 下吸氢后的 DSC 曲线

曲线中的拐弯点峰值表征材料的放氢温度，从图 6-14 中可以看出加入纳米 CeO₂ 后，材料的放氢温度从 259.18℃ 降低到 255.06℃。为了计算材料放氢反应的活化能，对 La₂Mg₁₇-200% Ni-y% CeO₂ (y = 0, 0.5) 复合材料不同升温速率下的 DSC 曲线进行了测试，结果列于表 6-4。从表 6-4 中可以看出，加入纳米 CeO₂ 后，均不同程度地降低了材料的放氢温度，降低了材料完全放氢的条件。

表 6-4　La₂Mg₁₇-200%Ni-y%CeO₂ (y = 0, 0.5) 复合材料的放氢温度和活化能

合　金	升温速率 β /℃·min⁻¹	放氢的峰值温度/℃	$\ln\beta/T_P^2$	$1000/T_P$	活化能 /kJ·mol⁻¹
La₂Mg₁₇-200% Ni	5	248.40	+10.90	1.917	19.81089 × R = 164.71
	10	259.18	−10.25	1.879	
	15	260.94	−9.85	1.872	
	20	267.57	−9.59	1.849	
La₂Mg₁₇-200% Ni-0.5% CeO₂	5	235.82	−10.86	1.965	11.33078 × R = 94.20
	10	255.06	−10.24	1.8932	
	15	259.59	−9.85	1.877	
	20	266.29	−9.59	1.854	

峰值的温度对应材料的放氢温度，如表 6-4 所示，根据 Kissinger 方程计算材料的活化能。Kissinger 的动力学方程为：

$$\frac{d(\ln(\beta/T_P^2))}{d\left(\frac{1}{T_P}\right)} = -\frac{E}{R} \tag{6-2}$$

方程式（6-2）表明，$\ln\left(\dfrac{\beta}{T_P^2}\right)$ 与 $\dfrac{1}{T_P}$ 成线性关系，将二者作图可以得到一条直线，如图 6-15 所示，从直线斜率求活化能 E，从截距求指前因子 A，结果如表 6-4 所示。

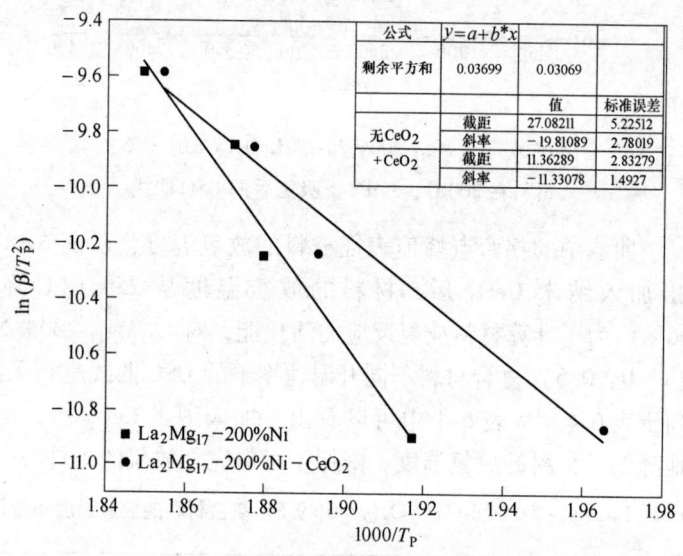

公式		$y=a+b*x$	
剩余平方和		0.03699	0.03069
		值	标准误差
无 CeO_2	截距	27.08211	5.22512
	斜率	-19.81089	2.78019
+ CeO_2	截距	11.36289	2.83279
	斜率	-11.33078	1.4927

图 6-15 La_2Mg_{17}-200% Ni-y% CeO_2 (y = 0, 0.5)
材料的 $\ln(\beta/T_P^2)$ 与 $1000/T_P$ 的关系图

在 La_2Mg_{17}-200% Ni 中加入 CeO_2，使材料的活化能从 164.71kJ/mol 降到 94.20kJ/mol，有利于材料放氢。

纳米 CeO_2 加入到 La_2Mg_{17}-50% Ni 复合材料中，有效地提高了材料的最大吸氢量和吸氢动力学性能，同时降低了放氢反应温度，提高了放氢反应动力学性能。通过 DSC 实验和 Kissinger 方程计算可以看出，降低材料的放氢温度，有利于放氢。但是在 La_2Mg_{17}-200% Ni 复合材料体系中，纳米 CeO$_2$ 不仅有利于其吸氢反应，同时也降低了反应的放氢温度。可见，在不同 Ni 含量的情况下，产生的材料反应是不一样的。为了明确在 La$_2$Mg$_{17}$-200% Ni-y% CeO$_2$（y = 0，0.5）体系中的吸氢反应过程，分别对球磨态、吸氢后和放氢后的产物做了 XRD 分析，结果如图 6-16 所示。

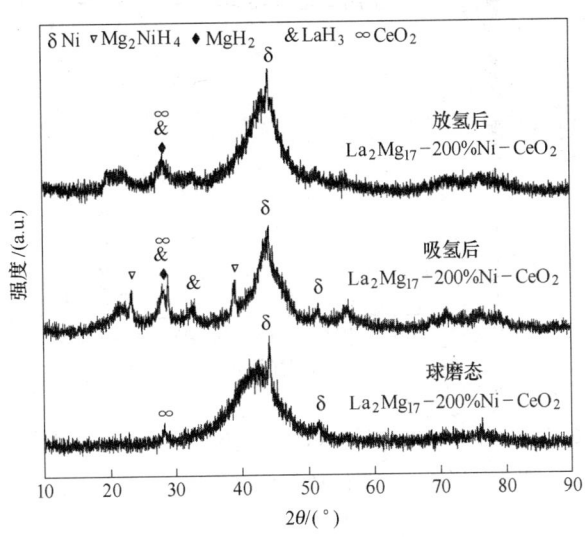

图 6-16　La$_2$Mg$_{17}$-200% Ni-0.5% CeO$_2$ 材料的 XRD 图谱

　　从图 6-16 可以看出，La$_2$Mg$_{17}$-200% Ni 中加入纳米 CeO$_2$ 球磨后，除了检测到过量的 Ni 峰，还在 28°检测到 CeO$_2$ 的小峰。但是峰值有明显的宽化现象，表明 Ni 的过量加入促使材料非晶化。吸氢后也有大量的 Ni 峰存在，另外还检测到 LaH$_3$、MgH$_2$ 和 Mg$_2$NiH$_4$ 的衍射峰，然而，放氢反应不充分，只有部分 Mg$_2$NiH$_4$ 发生分解生成 Mg$_2$NiH$_{0.3}$。过量的 Ni 导致材料结构的非晶化，减少 H 的空位，可能是 La$_2$Mg$_{17}$-200% Ni 吸氢量较少的主要原因。

6.4　不同 CeO$_2$ 掺杂量对 La$_2$Mg$_{17}$-50% Ni 吸放氢性能的影响

　　添加纳米 CeO$_2$ 后，对 La$_2$Mg$_{17}$-50% Ni 复合材料的最大吸氢量以及吸氢动力学性能有了明显的改善，为了确定最佳的纳米 CeO_2 添加量，添加量分别为 0.5%、1.0%、1.5% 和 2.0% 时的吸氢速率曲线，并与未添加纳米 CeO_2 的 La_2Mg_{17}-50% Ni 复合材料进行对比，结果如图 6-17 所示。

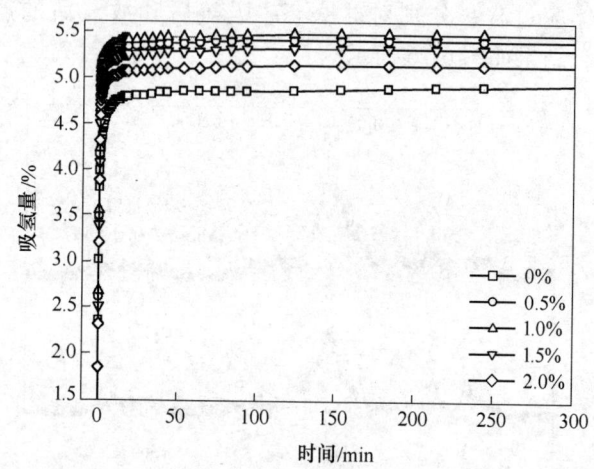

图 6-17　La_2Mg_{17}-50% Ni-y% CeO_2 (y = 0, 0.5, 1.0, 1.5, 2.0)
材料的吸氢速率曲线

从图 6-17 的结果可以看出，在 200℃ 下，La_2Mg_{17}-50% Ni 复合材料中纳米 CeO_2 的添加量为 0%、0.5%、1.0%、1.5% 和 2.0% 时，得到最大吸氢量分别为 4.938%、5.409%、5.478%、5.321% 和 5.139%。且 La_2Mg_{17}-50% Ni-y% CeO_2 (y = 0, 0.5, 1.0, 1.5, 2.0) 复合材料在 1min 内的吸氢量达到最大吸氢量的 84.85%、94.10%、93.94%、93.74% 和 93.48%。再一次表明，加入纳米 CeO_2 后，不仅提高了材料的最大吸氢量，同时也提高了材料的吸氢动力学性能。

6.5　本章小结

在 La_2Mg_{17}-50% Ni 复合材料的基础上，球磨加入纳米 CeO_2，结果发现材料颗粒进一步细化，有利于吸氢反应过程。

（1）纳米 CeO_2 的加入使 La_2Mg_{17}-50% Ni 复合材料的最佳吸氢温度从 300℃ 降至 200℃，同时使最大吸氢量从 5.130% 提高到

5. 409%。吸氢动力学性能也从 1min 内完成最大吸氢量的 88. 30% 增加至 94. 10%。

（2）通过不同升温速率下的 DSC 曲线，测试了 La_2Mg_{17}-50% Ni 复合材料的放氢温度，结合 kissinger 方程，结果表明，加入纳米 CeO_2 后，使 La_2Mg_{17}-50% Ni 复合材料的放氢温度从 242. 39℃进一步降低至 231. 57℃，同时使放氢反应的活化能从 93. 28kJ/mol 降低至 88. 80kJ/mol。

（3）纳米 CeO_2 对 La_2Mg_{17}-50% Ni 材料在最大吸氢量和吸氢动力学方面有非常积极的作用，且随着纳米 CeO_2 的添加量的增加呈现先增大后减小的趋势，在纳米 CeO_2 加入量为 1. 0% 时最佳。

（4）纳米 CeO_2 使 La_2Mg_{17}-200% Ni 复合材料的最大吸氢量从 1. 929% 提 高 到 2. 300%，使 材 料 的 放 氢 温 度 从 248. 4℃ 降 至 235. 82℃，同时使活化能从 164. 71kJ/mol 降到 94. 20kJ/mol。

参 考 文 献

[1] Jiří Čermák, Lubomír Král, Bohumil David. Hydrogen diffusion in Mg_2NiH_4 intermetallic compound[J]. Intermetallics, 2008, 16: 508~517.

[2] Lei Xie, Yang Liu, Xuanzhou Zhang, et al. Catalytic effect of Ni nanoparticles on the desorption kinetics of MgH_2 nanoparticles[J]. J Alloys Compd, 2009, 482: 388~392.

[3] Senegas J, Mikou A, Pezat M, et al. Localisation et diffusion de l'hydrogene dans le systeme $Mg_2Ni\,H_2$: Etude par RMN de $Mg_2NiH_{0.3}$ et Mg_2NiH_4[J]. J Solid State Chem, 1984, 52: 1~11.

[4] Genossar J, Rudman P S. Structural transformation in Mg_2NiH_4[J]. J Phys Chem Solids, 1981, 42: 611~616.

[5] Darnaudery J P, Pezat M, Darriet B, et al. Etude des transformations allotropeques de Mg_2NiH_4[J]. Mater Res Bull, 1981, 16: 1237~1244.

[6] Martinez Coronado R, Retuerto M, Torres B, et al. High-pressure synthesis, cystal structure and cyclability of the Mg_2NiH_4 hydride[J]. Int J Hydrogen Energy, 2013, 38: 5738~5745.

[7] Hayakawa H, Ishido Y, Nomura K, et al. Phase transformations among three polymorphs of Mg_2NiH_4[J]. J Less-Common Met, 1984, 103: 277~283.

[8] Sandrock G D, Suda S, Schlapbach L. In: Schlapbach L, editor. Hydrogen in intermetallic compounds[M]. Vol, Ⅱ. Berlin: Springer, 1992, chapter 5.

[9] D. BRIGGS-M. P. SEAH. John WILLEY & SONS[M]. Vol. 1, second edition, 1993.

7 La_2Mg_{17}-x% Ni($x = 0,50,100,$ $150,200$) 电化学性能研究

汽车动力 MH/Ni 电池是一种应用范围很广的新型驱动性二次电池，具有高比功率、长寿命、快充放、无记忆、无污染等诸多优点。MH/Ni 电池的活性，最大放电容量和循环寿命是表征其性能的重要参数。

7.1 La_2Mg_{17}-Ni 合金的制备及测试

7.1.1 试样制备

将原料 $n(La) \geqslant 99.6\%$, $n(Mg) \geqslant 99.9\%$ 按照摩尔计量配比称重，其中 Mg 较容易挥发，故增量 8%（质量分数）将以上纯金属称取总质量 1kg 置于坩埚中，装入中频感应炉内熔炼，熔炼温度为 1100℃，时间为 20min。为防止 Mg 在熔炼过程中挥发，施以 0.04MPa 的氩气保护，材料锭反复熔炼 3~4 次以确保成分均匀。然后将材料经铜模浇铸得到 La_2Mg_{17} 母材料锭，将 La_2Mg_{17} 材料样品研磨成粒径 3mm 的颗粒，与 Ni 粉（纯度 >99%）充分混合后充入高纯 Ar 作为保护气，在 ND7-2L 型行星式球磨机上进行机械球磨，球料比为 40:1，转速为 350r/min，为了考察球磨时间的影响，分别设定为 60h，80h，100h 和 120h。

7.1.2 电极制备及电化学性能测试

利用模拟电池法测试电极特性，工作电极制作过程如下：将球磨好的复合材料与羰基镍粉分别称取 0.2g 和 0.8g，以 25MPa 的压力冷压成直径为 15mm 的电极片后，再用长 6cm，宽 2.5cm 的泡沫镍将片夹在中间压紧，为防止电极片在测试过程中脱落，沿泡沫镍边缘全部点焊，并点焊上极耳，电化学测试采用三电极体系，其中工作电极

（WE）为材料电极，参比电极（RE）为 Hg/HgO，辅助电极（CE）为 Ni（OH）$_2$/NiOOH 高容量烧结式氢氧化镍电极，电解液为6mol/L KOH 水溶液。测试前，材料电极先在电解液中浸泡 24h，使其充分浸润。然后以 40mA/g 的电流密度充电20h，静置10min，再以相同的电流密度放电，截至电压为 –0.5V（vs Hg/HgO），静置10min 后，重复上述步骤，循环 15 次。整个测试过程均由 Land 电池测试系统通过计算机进行联机控制作业，测试时电极系统置于恒温水浴中，水浴温度保持在 303K，波动幅度在 ±0.3K。高倍率放电性能在 200mA/g 的电流条件下恒流充电 5h，然后在放电电流密度分别为 300mA/g、600mA/g、900mA/g、1200mA/g、1500mA/g 下恒流放电，放电截至电压为 –0.5V，每次高倍率放电后均再次以 60mA/g 放电完全。

采用 PARSTAT2273 电化学工作站测试材料电极的电化学阻抗谱（EIS）动电位极化曲线和恒电位阶跃下的电流和时间的响应曲线。其中 EIS 谱的扫描频率为 10kHz～5mHz，交流电位扰动幅度为 5mV，动电位极化曲线的扫描范围为 –1.2～1.0V，扫描速度为 5mV/s，恒电位阶跃下的电流和时间响应曲线在材料电极完全活化后，静置 12h 后进行测试，阶跃电位为 +600mV，阶跃时间为 0～3600s。

用 X 射线衍射仪（Cu Kα 辐射，波长 0.15418nm，管压 40kV，管流 20mA，扫描速度 2°/min）检测球磨样品的相结构。采用 TecnaiF30型场发射透射电子显微镜（TEM）对物质的微观形态和晶态结构进行观察，加速电压为 300kV。

7.2 微观结构与性能分析

7.2.1 XRD 分析

如图 7-1 所示为铸态 La$_2$Mg$_{17}$ 和球磨 60h 的 La$_2$Mg$_{17}$-x% Ni（x = 0,50,100,150,200）复合材料的 X 射线衍射图。从图 7-1 中可以看出，球磨导致 La$_2$Mg$_{17}$ 的晶体结构从晶态转变成非晶态，且随着 x 的含量从 0 增加到 200，非晶态现象加剧，在 35°～50° 出现典型的非晶态宽峰，表明 Ni 的添加加剧了复合材料向非晶态转变的趋势。

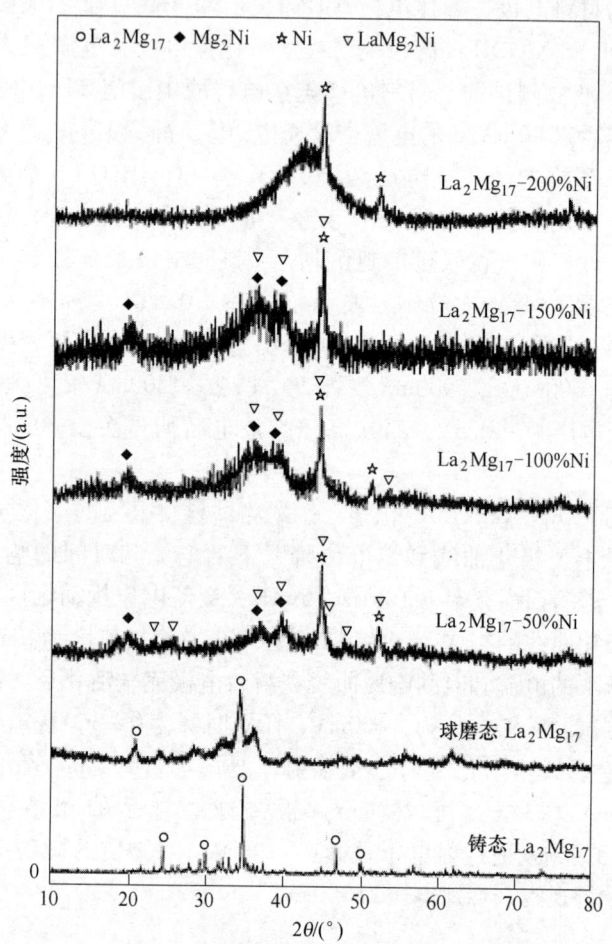

图 7-1　La$_2$Mg$_{17}$-x % Ni （x = 0, 50, 100, 150, 200）
复合材料的 XRD 谱图

　　如图 7-2 所示为 La$_2$Mg$_{17}$-200% Ni 经 60h，80h，100h 和 120h 球磨的 X 射线衍射图。由图 7-2 可见，球磨 60h 时材料相的衍射峰较宽，是 La$_2$Mg$_{17}$ 材料粉和 Ni 粉的非晶纳米化的结果；当球磨时间增加到 80h 时，衍射强度和衍射峰逐渐降低和宽化，在 45°处出现金属态 Ni 的弱衍射峰，说明有 Ni 金属的存在；而球磨 100h 后，可能是由于不断地球磨相互碰撞，晶粒尺寸再度减小，在 36°～50°之间漫散射峰减小且更加宽化，最后达到 La_2Mg_{17} 相和 Ni 相在纳米尺度上的复合，形成 La-Mg-Ni 非晶/纳米晶材料；但当球磨时间为 120h 时，材料的衍射强度再次加强，这说明随着球磨时间的不断增加，材料小颗粒可能发生团聚并再次晶化。

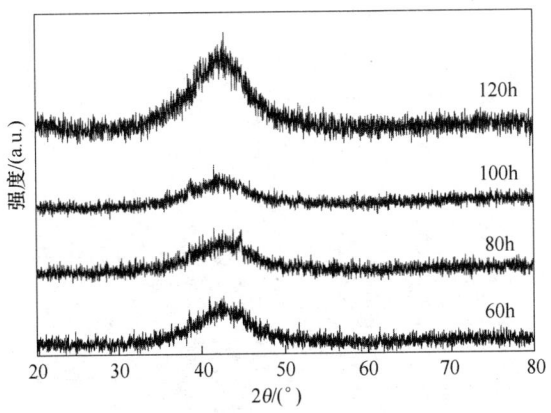

图 7-2　La_2Mg_{17}-200% Ni 材料不同球磨时间的 X 射线衍射谱

7.2.2　扫描电镜分析

如图 7-3 所示为 La_2Mg_{17}-x% Ni（$x = 0$，50，200）复合材料的

(a)

×500　20μm ───

(b)

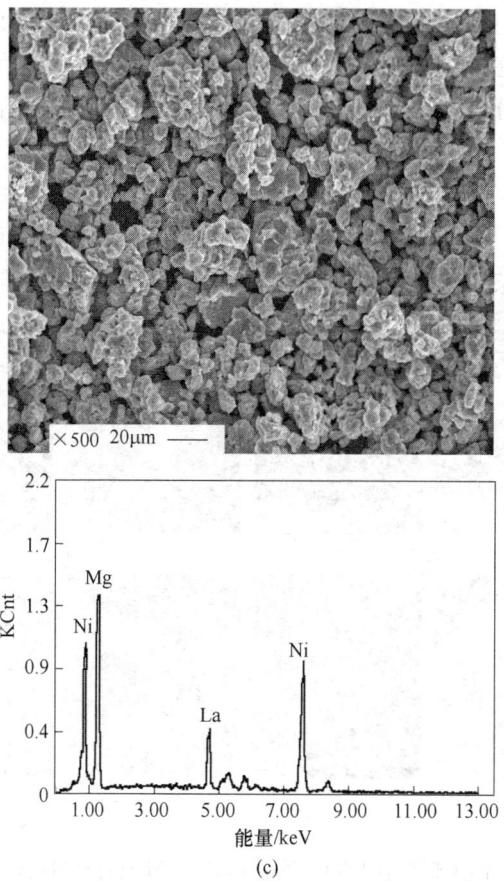

图 7-3 球磨态 La_2Mg_{17}-$x\%$ Ni 材料的 SEM 图和选区 EDS 成分分析图

(a) La_2Mg_{17}; (b) La_2Mg_{17}-50% Ni; (c) La_2Mg_{17}-200% Ni

SEM 电镜照片。从图 7-3 中可以看出，冷淬后的材料颗粒逐渐减小，且有团聚现象。随着 Ni 含量的增加，非晶化现象加剧。

7.2.3 透射电镜分析

如图 7-4 所示是 La_2Mg_{17}-200% Ni 经不同时间球磨后的高分辨透射电镜（HRTEM）形貌图及选区的电子衍射（SAED）花样，从 4 组电子衍射图可以看出，SAED 显示为宽化的多环结构，且随着球磨时间的增加，环的宽化现象明显，表明材料为从非晶转变成纳米晶和非晶共存的状态，在球磨100h以上时，纳米多晶结构更加显著。从球磨80h的高分辨图中可以看出有小颗粒的存在，通过晶格间距计算出 d 值与PDF卡中的Ni峰 d 值吻合较好，表明材料中存在着Ni的单相，与XRD结论一致，随着球磨时间增加，纳米晶区域逐渐明显，当球磨120h时，经测量其晶粒尺寸平均约为7nm，球磨使材料的晶粒显著地纳米化和非晶化。

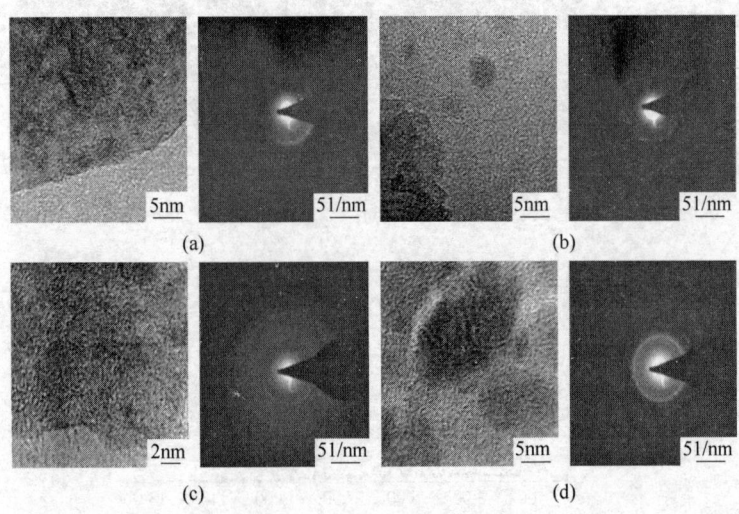

图7-4　不同球磨时间的 La_2Mg_{17} +200% Ni复合材料的透射电镜图
(a) 60h；(b) 80h；(c) 100h；(d) 120h

7.2.4　最大放电容量和循环稳定性

La_2Mg_{17}-$x\%$ Ni（$x=0$，50，100，150，200）电极材料在第一次充放电循环就达到了最大放电容量，表明球磨后的电极材料具有很好的活化性能。如图7-5所示为 La_2Mg_{17}-$x\%$ Ni（$x=0$，50，100，150，200）复合材料的放电电压特性曲线。由图7-5可见，复合材料的放电比容量随着Ni含量从0增加到200%时，最大放电容量从18.10mA·h/g提高到980.70mA·h/g，增加了54倍。

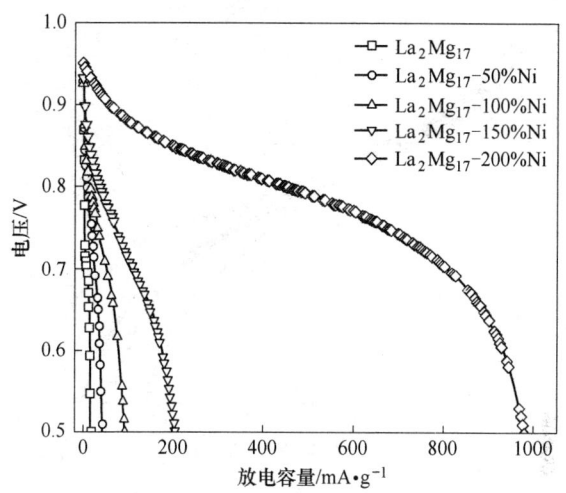

图 7-5 球磨 80h 的 La_2Mg_{17}-$x\%$ Ni($x=0$, 50, 100, 150, 200)
复合材料的放电容量对比图

La_2Mg_{17} + 200% Ni 电极材料在第 1 次充放电循环就达到了最大放电容量，表明球磨后的电极材料具有很好的活化性能。如图 7-6 所示为 La_2Mg_{17} + 200% Ni 的放电电压特性曲线。由图 7-6 可知，复合材料的放电比容量随着球磨时间的增加有先增大后减小的趋势，当球磨时间为 80h 时达到了最大值 948.3mA·h/g。这是由于随着球磨时间从 60h 增加到 80h，材料颗粒逐渐地细化，有非晶形成，但是球磨 80h 时仍有 Ni 的颗粒存在（图 7-2），此时处于 La_2Mg_{17} 和 Ni 等多相混合态结构，由于 Ni 对 La-Mg-Ni 材料的氢化反应有催化作用[1]，导致材料的放氢量较大。然而，随着球磨时间从 80h 增大到 120h，材料的内部纳米化的晶粒逐渐增多，出现了明显的非晶和纳米晶共存的现象（图 7-2），此时，有两种因素影响着材料的吸放氢反应过程：（1）材料颗粒细化，导致晶格缺陷增加，为材料表面电荷转移反应提供了更多的活性位，也给氢在材料体相内扩散提供了更多的通道[2]；（2）材料颗粒的团聚和再结晶，形成了更多的晶格间隙和晶界，使 Mg 基材料与碱性溶液的接触增多，形成氧化膜，导致材料活性物质的损失，使材料的放氢比容量降低[3]。

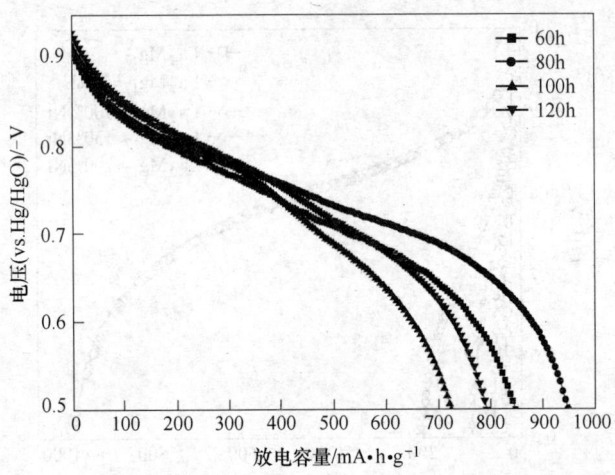

图 7-6   La$_2$Mg$_{17}$-200% Ni 复合材料的第一次循环的放电容量图

电池电极材料的容量保持率是衡量电池使用寿命的重要标准。如图 7-7 所示是球磨 80h 制备的 La$_2$Mg$_{17}$-x% Ni (x = 0, 50, 100, 150, 200) 复合贮氢材料的循环稳定性曲线 (30℃)。从图 7-7 中可以看出,不同 Ni 含量的材料均在第一个循环达到了最大放电容量,表明材料的催化活性非常好。随着循环次数的增加,材料的最大放电容量

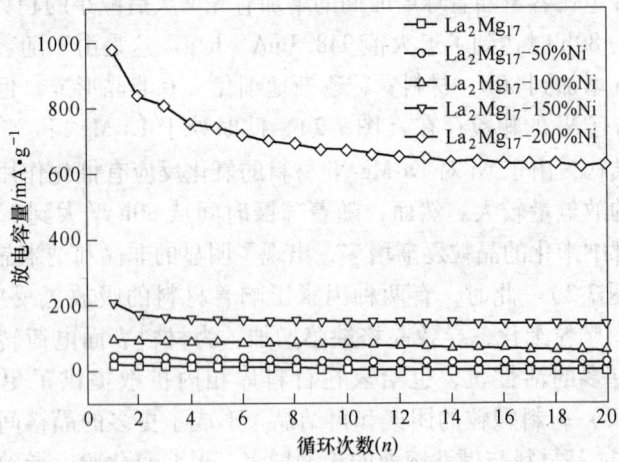

图 7-7   La$_2$Mg$_{17}$-x% Ni (x = 0, 50, 100, 150, 200) 复合材料循环稳定性

依次减少，不同 Ni 含量的材料的容量保持率（$S_n = C_n/C_{max} \times 100\%$），如表 7-1 所示。结合图 7-7 和表 7-1 发现，随着 Ni 粉添加量的增加，15 次循环后的容量保持率趋于平稳。加入 Ni 粉后，球磨 80h 的 La_2Mg_{17} 的容量保持率从 1.65% 提高至 66.62%。

表 7-1　La_2Mg_{17}-$x\%$ Ni（$x=0$，50，100，150，200）
复合材料的电化学性能参数

合　金	$C_{max}/mA \cdot h \cdot g^{-1}$	$S_{20}/\%$
La_2Mg_{17}	18.10	1.65
La_2Mg_{17}-50% Ni	43.80	58.22
La_2Mg_{17}-100% Ni	94.80	62.53
La_2Mg_{17}-150% Ni	208.25	66.62
La_2Mg_{17}-200% Ni	980.70	64.15

如图 7-8 所示为球磨 La_2Mg_{17}-200% Ni 电极材料的循环寿命测试曲线，其第 1 次放电比容量和循环容量保持率列于表 7-2。由表 7-2 可见，La_2Mg_{17}-200% Ni 电极材料经不同的球磨时间，其循环后的放电容量均有不同程度的减弱，循环 15 次后的容量保持率分别为 45.3%，44.6%，52.4% 和 55.7%，镁基材料在碱性溶液的容量保持率相对较低，主要是元素 Mg 与电解液 KOH 发生反应形成氧化膜，

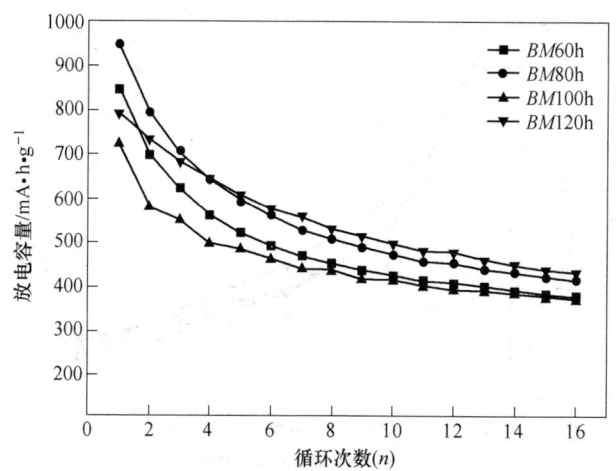

图 7-8　La_2Mg_{17}-200% Ni 复合材料循环寿命图

而阻止了电解液与材料氢的交换和转移。另外，提高电催化活性元素 Ni 的腐蚀是放电容量下降的主要原因。

表 7-2 La_2Mg_{17}-200% Ni 不同球磨时间的电化学性能参数

球磨时间/h	C_{max}/mA · h · g^{-1}	n	C_{15}/mA · h · g^{-1}	S_{15}/%
60	846.9	1	384.0	45.3
80	948.3	1	422.7	44.6
100	723.6	1	379.2	52.4
120	792.3	1	441.0	55.7

7.2.5   高倍率放电性能（HRD）

镁基贮氢材料最大的缺点就是吸放氢动力学性能较差，而表征吸放氢动力学性能的一个重要方法就是高倍率放电性能。高倍率放电性能 HRD 可以用以下方式定义：

$$HRD_i = \frac{C_i}{C_i + C_{60}} \times 100\% \tag{7-1}$$

为了充分考察材料的动力学过程，对 La_2Mg_{17}-$x\%$ Ni（$x = 50$，100，150，200）复合材料在 300mA/g、600mA/g、900mA/g 和 1200mA/g 的放电电流密度下做了高倍率放电曲线，结果如图 7-9 所

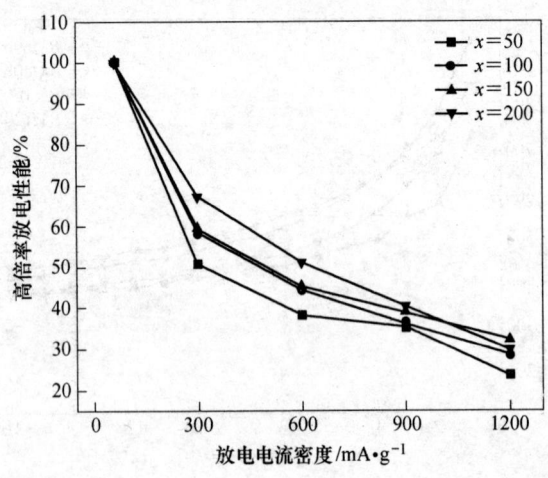

图 7-9 La_2Mg_{17}-$x\%$ Ni（$x = 50$，100，150，200）材料的高倍率放电性能

示。结果发现，随着放电电流密度的增大，材料的最大放电容量逐渐地减小。当材料中 Ni 的含量从 $x = 50$ 增大到 $x = 200$ 时，材料的 HRD_{900} 从 35.7% 提高到 42.8%。表明 La_2Mg_{17}-200% Ni 具有较好的大功率放电特性。

众所周知，材料的高倍率放电性能与材料表面的电荷迁移反应速率和氢在材料体相中的扩散息息相关。材料表面的电荷迁移可以通过 EIS 谱来表征，而动电位极化可以确定材料体相中氢扩散速率。

7.2.6　电化学阻抗谱（EIS）

贮氢材料的动力学过程主要分为 4 个阶段：第一阶段，氢分子与材料接触时，被吸附在金属表面并分解为氢原子；第二阶段，原子状氢从材料表面向内部扩散，进入比氢原子半径大得多的金属原子与金属的间隙中形成固溶体；第三阶段，固溶于金属中的氢再向内部扩散；第四阶段，固溶相进一步与氢反应，生成氢化物相层。

其中以材料表面的电荷迁移反应和氢在材料体相内的扩散速率两个动力学过程为主。为了考察 La_2Mg_{17}-x% Ni（$x = 0$，50，100，150，200）复合材料的电化学反应动力学过程，对材料进行电化学阻抗谱测试，主要考察其材料表面电荷迁移反应速率，结果如图 7-10 所示。

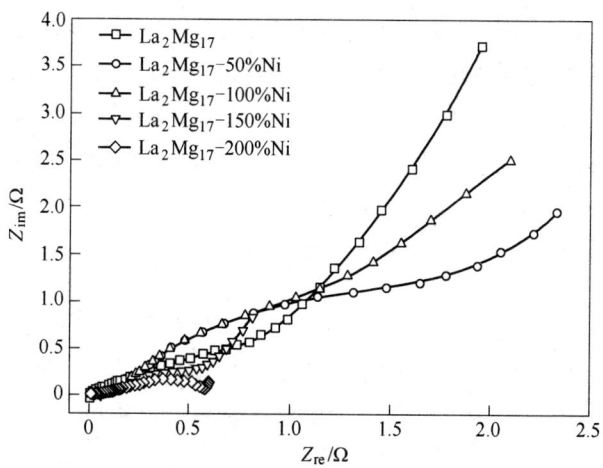

图 7-10　La_2Mg_{17}-x% Ni（$x = 0$，50，100，150，200）材料的电化学阻抗谱

所有的复合材料的 EIS 图均由高频区的小半圆、中频区的大半圆和低频区的 Warburg 曲线三部分组成。Kuriyama 等[4]认为材料电极高频区的小半圆主要对应于材料颗粒之间或电极片与集流体之间的接触阻抗，中低频区的大半圆则对应于材料电极表面的电荷转移反应阻抗，而低频区的斜线则反映了材料体相内氢的扩散阻抗（Warburg 阻抗）。

图 7-10 展现出了完全不同的动力学过程，La_2Mg_{17}-$x\%$ Ni（$x=$ 0，50，100）的 EIS 图的中频区有一个大半圆非常小几乎没有，只能观察到低频区的 Warburg 直线。初步表明，La_2Mg_{17}-$x\%$ Ni（$x=0$，50，100）复合材料表面的电化学阻抗非常小，而氢在材料体相内的扩散速率是整个反应的空速步骤。随着 Ni 含量的增加，对于 La_2Mg_{17}-$x\%$ Ni（$x=150$，200）复合材料，低频区的 Warburg 直线非常短，且中频区的大半圆出现，可以明显地看出电化学反应电荷迁移电阻增大。初步表明 La_2Mg_{17}-$x\%$ Ni（$x=150$，200）复合材料的动力学过程是材料表面电化学反应过程和体相扩散过程共存的。图 7-10中曲线的小半圆的大小不相同，主要是电解液溶液与电极板的不同而产生的误差，为了更准确地标明材料表面的电化学反应的电荷迁移电阻 R_{ct}，对材料的 EIS 图进行了等效电路图拟合。拟合等效电路图如图 7-11 所示，图中 R_{el}为溶液电阻；R_{cp} 及 C_{cp} 为电极的集流体与电极片之间的接触电阻和电容；R_{pp} 及 C_{pp} 为材料颗粒之间以及材料颗粒与黏结的金属之间的接触电阻和电容；R_{ct} 及 C_{ct} 为材料表面的电化学反应电阻和材料表面的双电层电容（对应于低频区的大半圆）；R_w 为 Warburg 阻抗，属于氢原子由表面向体相扩散的过程，属于扩散控制区。拟合后对应的电阻值大小如表 7-3 所示。

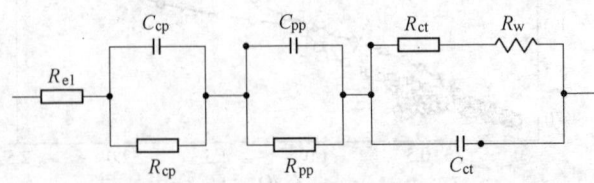

图 7-11 La_2Mg_{17}-$x\%$ $Ni(x=0,50,100,150,200)$材料的等效电路图

表 7-3　La_2Mg_{17}-$x\%$ Ni（$x = 0$，50，100，150，200）
复合材料等效电路模拟拟合数据

x	$R_{el}/m\Omega$	$R_{cp}/m\Omega$	$R_{pp}/m\Omega$	$R_{ct}/m\Omega$	$R_w/m\Omega$
0	192.1	54530	423.4	72.26	16030
50	49.14	1114	40.87	87.00	3058
100	54.35	44.85	1350	91.31	1283
150	40.35	248.6	72.85	103.4	1207
200	50.45	599.8	187.8	189.4	749.2

通过图 7-11 的等效电路图拟合，确定了材料电化学反应过程中各个环节中的反应电阻，结果如表 7-3 所示。从表 7-3 中阻抗谱电阻可以看出，在 La_2Mg_{17}、La_2Mg_{17}-50% Ni 和 La_2Mg_{17}-100% Ni 复合材料中，R_{ct} 的值非常小，表明此时材料的表面电荷迁移电阻是非常小的，因此有利于材料进行表面扩散反应。随着 Ni 含量的增加，对于 La_2Mg_{17}-150% Ni 和 La_2Mg_{17}-200% Ni 复合材料来说，虽然材料的表面电荷迁移电阻 R_{ct} 有所增加，但 R_w 有所减小，这可能是由于催化活性较好的 Ni 进入到 La_2Mg_{17} 的晶格中，产生更多的 H 扩散通道，加快了 H 在材料体相内的扩散速率。

由此可以推知[5,6]，La_2Mg_{17}-$x\%$ Ni 材料的电化学反应过程是一个电化学极化，浓差极化和扩散过程共同起作用的混合控制过程。从图 7-12 不同球磨时间下的 La_2Mg_{17}-200% Ni 的电化学阻抗谱可以看出，当球磨时间为 100h 和 120h 时，高频区的接触半圆呈增大的趋势，表明材料颗粒之间的接触电阻逐渐变大，可能是由于球磨过程中 La_2Mg_{17} 和 Ni 粉细化到纳米级，导致材料的比表面积增大，促使接触电阻增强。中频区的电化学控制半圆呈先增大后减小的趋势，且在球磨 100h 时达到了最大值，说明此时 La_2Mg_{17}-200% Ni 电极材料电极表面的电转移反应阻抗 R_{ct} 最大，此时材料表面的电荷转移反应迟缓，而低频区的 Warburg 阻抗与大半圆占据相同的比例，此时，材料电极反应的速度控制步骤是由材料电解液表面间的电荷转移和氢向体相内扩散联合控制的。

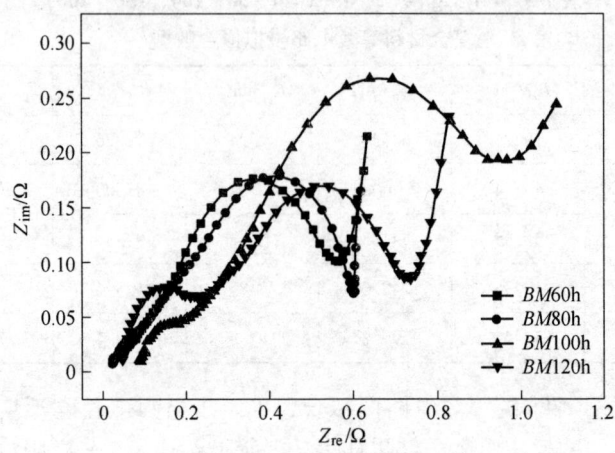

图 7-12   La$_2$Mg$_{17}$-200% Ni 复合材料交流阻抗 Nyquist 图谱

图 7-11 为 La$_2$Mg$_{17}$-200% Ni 复合材料交流阻抗图 (EIS) 对应的拟合电路图，通过 Zsimpwin 软件拟合结果列于表 7-4。从表 7-4 中的 R_{el} 和 R_{ct} 的计算结果可以看出，随球磨时间的延长，材料表面电荷转移电化学反应电阻 R_{ct} 呈先增大后减小的趋势。在球磨时间为 100h 时达到最大值，此时材料表面的电化学反应减慢。

表 7-4   La$_2$Mg$_{17}$-200% Ni 合金等效电路图拟合参数

球磨时间/h	R_{el}/mΩ	R_{ct}/mΩ	I_L/mA·h·g^{-1}	D/×10^{-7}cm^2·s^{-1}
60	0.04177	0.1430	2287.96	6.458
80	0.04883	0.1897	2898.71	6.626
100	0.05685	0.5999	2160.07	6.081
120	0.08903	0.2275	2187.50	6.123

7.2.7   动电位极化

氢在材料体相内的扩散是一个非常重要的动力学过程。为了研究 La$_2$Mg$_{17}$-x% Ni (x=50, 100, 150, 200) 电化学反应过程中，H 在材料体相内的速率，对 50% DOD 的材料进行了动电位极化曲线测试，结果如图 7-13 所示。

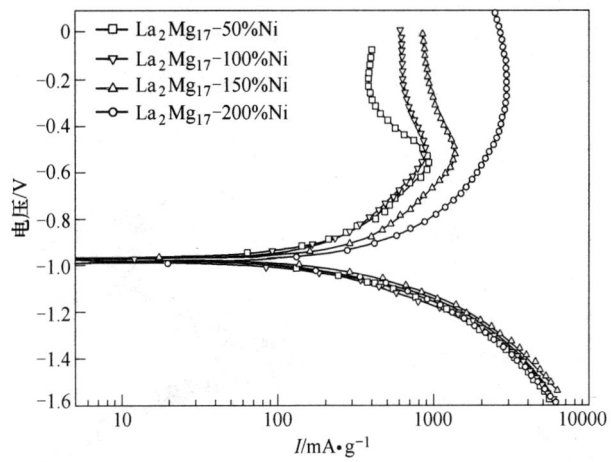

图 7-13 La_2Mg_{17}-x% Ni（x = 50，100，150，200）材料的动电位极化曲线

从图 7-13 可以看出，动电位极化曲线由阳极分支和阴极分支组成，且阳极分支上的最大电流密度被定义为极限电流密度 I_L，用于表征 H 在材料体向内的扩散速率[7,8]。从图 7-13 中可以看出，La_2Mg_{17}-x% Ni（x = 50，100，150，200）复合材料的极限电流密度 I_L 分别为：931.18mA/g、883.71mA/g、1365.31mA/g、2920.20mA/g。以上数据再一次证实，La_2Mg_{17}-x% Ni（x = 150，200）在材料体相内的扩散速率比 La_2Mg_{17}-x% Ni（x = 50，100）复合材料快。主要原因可能是由于过量的 Ni 融入到材料体向内，在材料中形成了更多的晶界和缺陷，使 H 更容易在材料体内扩散[9]。

如图 7-14 所示为材料电极在 50% DOD 状态下的动电位极化曲线，观察材料阳极极化曲线，随着氢化物电极极化过电位不断增大，电荷转移逐渐加快，当极化的过电位增加到一定值时，材料的电流达到一个峰值，此时氢扩散为材料体内的主要控制步骤。这个峰值电流即为极限电流密度 I_L，可以表征材料体内氢原子的扩散率。从图 7-14 可以看出，随着球磨时间的增加，极限电流密度 I_L 先增大后减小，极限电流密度值列于表 7-4，在球磨 80h 时达到 2898.71mA/g 的最大值，表明随着球磨时间的增加，材料晶格发生畸变，由晶相转变成非晶相，产生大量的缺陷，为氢在材料体相扩散提供更多的可能，但随着球磨时间增加为 100h 和 120h，部分非晶形成了纳米晶，晶体结构由无序性部分向有序性转变，使氢在材料内部的扩散能力降低。

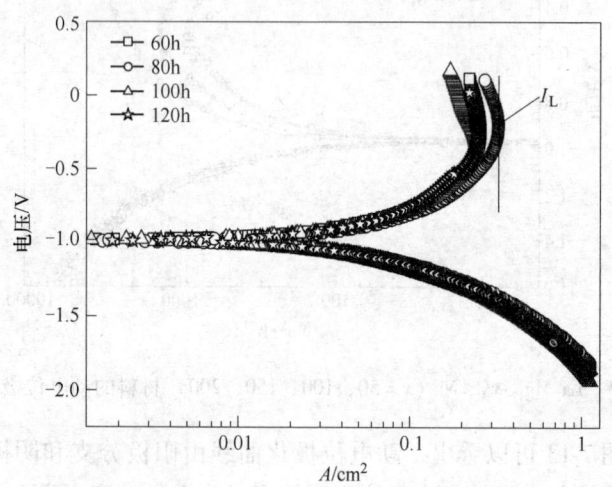

图 7-14　不同球磨时间 La$_2$Mg$_{17}$-200% Ni 系
复合贮氢材料电极动电位极化曲线

如图 7-15 所示为球磨 La$_2$Mg$_{17}$-200% Ni 复合材料电极满充状态，+0.6V 阶跃下的阳极电流与时间之间的变化关系曲线。研究显示[10]，当对满充状态的氢化物电极加载一个较大的阳极电位阶跃（形成一个很大的过电位）时，将使材料电极表面的电荷转移速度非常快，材料电极表面的氢浓度接近于零，从而使氢在材料中的扩散成为电极反应的控制步骤。由图 7-15 可以看出，在初始放电阶段，阳极电流迅速下降，而当经过足够长的时间后，$\log i$ 与 t 之间呈现出近似于直线的准线性关系，氢扩散系数根据下式计算：

$$\lg(i) = \lg\left[\frac{6FD}{da^2}(C_0 - C_n)\right] - \frac{\pi^2 D}{2.303a^2}t \tag{7-2}$$

$$D = -\frac{2.303a^2}{\pi^2}\frac{\mathrm{d}\lg i}{\mathrm{d}t} \tag{7-3}$$

式中，D 为氢扩散系数，cm^2/s；a 为材料颗粒半径，cm；i 为扩散电流密度，mA/g；t 为放电时间，s。通过式（7-3）可以计算出材料电极氢扩散系数 D 的值，计算结果列于表 7-4（其中 $a = 13.1\mu m$）。结果表明，随着球磨时间的增加，材料的氢扩散系数 D 先增大后减小，与动电位极化曲线中极限电流密度 I_L 的表征结果一致。

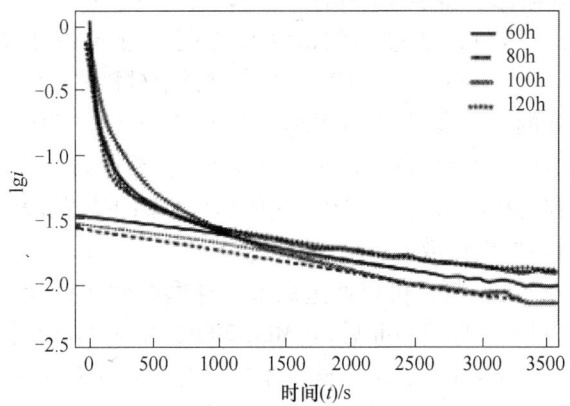

图 7-15　球磨 La_2Mg_{17}-200% Ni 系复合贮氢材料
在 +0.6V 电位阶跃下的电流-时间响应曲线

7.3　本章小结

通过机械材料化法将不同质量比的 Ni 粉加入到 La_2Mg_{17} 材料中，制备了新型的不同球磨时间下的 La_2Mg_{17}-x% Ni（$x = 0$，50，100，150，200）复合材料。着重考察了添加 Ni 粉及球磨时间对材料相结构、微观形貌、贮氢热力学性能和电化学性能的影响并对作用机理进行了探讨。主要结论如下：

（1）不同球磨时间下的 La_2Mg_{17}-x% Ni（$x = 0$，50，100，150，200）复合材料的 XRD 和 HRTEM（SAED）微观结构分析表明，随着球磨时间的增加，材料逐渐非晶纳米化。

（2）通过铸态 La_2Mg_{17} 材料、球磨 80h 的 La_2Mg_{17} 材料和 La_2Mg_{17}-x% Ni（$x = 50$，100，150，200）复合材料的 XRD 图谱发现，球磨

工艺使材料的颗粒细化，衍射峰宽化。同时，添加 Ni 粉，进一步加剧了材料颗粒的细化，且随着 Ni 添加量的增加，非晶/纳米晶的衍射峰宽化严重。SEM 形貌也观察到了材料颗粒细化的趋势。

（3）由于 Ni 具有良好的活性和非吸氢性，随着球磨加入 Ni 含量的增加放电比容量增加，加入 200% Ni 粉具有最大的放电容量。使 La$_2$Mg$_{17}$ 的放电比容量从 18.10mA · h/g 提高到 980.70mA · h/g，提高了 54 倍。其动力学过程测试结果表明，当 Ni 的含量较少时，La$_2$Mg$_{17}$-x% Ni（x = 0，50，100）复合材料中材料体相内扩散为控速步骤。当 Ni 的含量提高到 La$_2$Mg$_{17}$-x% Ni（x = 150，200）时，为材料表面扩散和体相内扩散结合的控速步骤。主要原因可能是由于过量的 Ni 融入到材料体向内，在材料中形成了更多的晶界和缺陷，使 H$^+$ 更容易在材料体内扩散。

（4）同样的材料，可以通过调节其球磨时间而得到不同结构和不同性能的材料。球磨 80h 后 La$_2$Mg$_{17}$-200% Ni 材料表面的电荷转移反应的电阻较小，同时，由于材料体内产生大量的缺陷而材料体向内的扩散最好，使得材料的放电比容量最大，约为 948.3mA · h/g。而球磨时间增加到 100h 时，表面电荷转移反应电阻 R_{ct} 最大，因此材料表面电化学反应缓慢，材料体向内氢扩散阻力较大，最终导致其放电容量的下降。

参 考 文 献

[1] 周增林，宋月清，崔舜，等. 热处理对 La-Mg-Ni 系贮氢电极材料性能的影响（Ⅱ）贮氢及电化学性能[J]. 稀有金属材料与工程，2008，37（6）：964~969.

[2] Wu Y, Han W, Zhou S X, et al. Microstructure and hydrogenation behavior of ball-milled and melt-spun Mg-10Ni-2Mm alloys [J]. Journal of Alloy and Compounds, 2008, 466: 176~181.

[3] 黄红霞，黄可龙，刘素琴，等. 球磨 MgNi 非晶贮氢材料电化学性能的研究[J]. 稀有金属材料与工程，2010，39（4）：702~706.

[4] Kuriyama N, sakai T, miyamura H, et al. Electrochemical impedance behavior of metal hydride electrodes[J]. Journal of Alloys and Compounds, 1993, 202: 183~197.

[5] Wang X D, Wu S M, Liu Y F, et al. An AC impedance characteristics of the cerium oxide film formed on the aluminum surface[J]. Journal of University of Science and Technology Beijing, 2001, 23(4): 320~323.

[6] 曹楚南, 张鉴清. 电化学阻抗谱导论[M]. 北京: 科学出版社, 2002.

[7] Naito K, Matsunami T, Okuno K, et al. Factors affecting the characteristics of the negative electrodes for nickel-hydrogen batteries [J] . J. Appl. Electrochem. , 1993, 23 (10): 1051 ~ 1055.

[8] Ratnakumar B V, Witham C, Bowman R C. Electrochemical studies on $LaNi_{5-x}Sn_x$ metal hydride alloys[J]. J. Electrochem. Soc. , 1996, 143(8): 2578 ~ 2584.

[9] Li Wang, Xinhua Wang, Lixin Chen, et al. Effect of Ni content on the electrochemical performance of the ball-milled $La_2Mg_{17-x}Ni_x$ + 200% Ni ($x = 0$, 1, 3, 5) composites[J]. Journal of Alloys and Compounds, 2007, 428: 338 ~ 343.

[10] Zheng G, Popov B N, White R E. Electrochemical determination of the diffusion coefficient of hydrogen through an $La-Ni_{4.25}Al_{0.75}$ electrode in alkaline aqueous solution[J]. Journal of Electrochemical Society, 1995, 142: 2695 ~ 2698.

8 纳米催化剂 CeO_2 对 La_2Mg_{17} -200% Ni 复合材料电化学性能的影响

随着电动汽车产业的迅猛发展，对适合电动汽车用的电池的需求日益加剧，而镁基贮氢材料由于具有资源丰富、贮氢容量大、成本低、质量轻等优点而成为具有潜在科技价值和商业价值的材料之一。由于稀土的催化作用，使镁在温和的条件下反应形成高比容量的氢化物贮氢材料[1,2]。例如，La_2Mg_{17} 的气态贮氢量可高达到 5.6%（质量分数）[1]，且较适合机械材料化，只需加热至 150℃ 即可活化，活化后可在室温下吸氢和放氢[3]。

Kohno T 等[4] 发现 La_2MgNi_9、$La_5Mg_2Ni_{23}$ 和 La_3MgNi_{14} 的放电比容量最高可达到 400mA·h/g，远远高于传统的 $LaNi_5$ 材料。Khrussanova M 等[5] 用动力学方程解释了 La_2Mg_{17}、$La_{1.8}Ca_{0.2}Mg_{17}$ 和 $La_{1.6}Ca_{0.4}Mg_{17}$ 材料的表面吸氢过程，材料体内三维氢扩散过程，材料与氢气的化学反应等。

球磨过程中产生的非晶和纳米晶结构，可提高镁基贮氢材料的性能。Gao X P 等[6] 通过 $LaMg_2$ 材料与 Ni 粉球磨后，得到 1010mA·h/g 的高放电比容量。Wang Y 等[7] 发现，球磨制备非晶态 $PrMg_{12-x}Ni_x$ + 150% Ni 复合材料的最大放电比容量为 973mA·h/g，充放循环 30 次的放电比容量为 195.5mA·h/g，容量保持率为 20.1%。

Ce 由于价格低廉，储量丰富，与 La 的性能接近而成为热点 A 位添加元素。Zhang X B 等[8] 研究了 Ce 替代 La 的材料 $La_{0.7-x}Ce_xMg_{0.3}Ni_{2.8}Co_{0.5}$（$x = 0.1 \sim 0.5$）的结构及电化学性能，随着 Ce 含量的增加，$P$-$C$-$T$ 放电平台压逐渐升高，放电比容量降低，而循环寿命显著提高。Dong Z W 等[9] 对（$La_{0.7}Mg_{0.3}$）$_{1-x}$$Ce_xNi_{2.8}Co_{0.5}$（$x = 0 \sim 0.20$）材料的微观结构和电化学性能进行研究，结果发现，Ce 的添加可以有效地提高其循环寿命和高倍率放电比容量。Pan H G 等[10] 研究 Ce 含量对 $La_{0.7-x}Ce_xMg_{0.3}Ni_{2.875}Mn_{0.1}Co_{0.525}$（$x = 0 \sim 0.5$）材料的电化学

性能的影响，同样表明其有效提高循环寿命而降低放电比容量，这有可能是 Ce 在材料表面形成 CeO$_2$ 氧化层所致。

本章在熔炼法合成的 La$_2$Mg$_{17}$ 材料中，通过不同球磨时间添加质量分数为 200% 的 Ni 和少量的 CeO$_2$ 粉，得到 La-Mg-Ni-CeO$_2$ 贮氢材料，并考察其对电化学性能的影响。

8.1 La$_2$Mg$_{17}$-200% Ni-CeO$_2$ 复合材料的制备

8.1.1 试样制备

制备材料原料纯度分别为：$w($La$) \geqslant 99.6\%$，$w($Mg$) \geqslant 99.9\%$。各元素按摩尔计量配比，其中 Mg 在高温下较易挥发，故增加质量分数 8%。将以上纯金属称取总质量 1kg 置于坩埚中，在中频感应炉内熔炼，熔炼温度为 1100℃，时间为 20min。为防止 Mg 在熔炼过程中挥发，施以 0.04MPa 的氩气保护，材料锭反复熔炼 3~4 次以确保成分均匀，然后将材料经铜模浇铸得到 La$_2$Mg$_{17}$ 材料锭。

将 La$_2$Mg$_{17}$ 材料样品研磨成粒径不大于 3mm 的颗粒，称取一定量的 La$_2$Mg$_{17}$ 与质量分数为 200% 的 Ni 粉（纯度 >99%）；平行做另外一组，除了 La$_2$Mg$_{17}$ 材料和质量分数为 200% 的 Ni 粉外，添加 La$_2$Mg$_{17}$ 材料摩尔数为 3% 的 CeO$_2$ 粉末，其粒径约为 30nm。将以上样品充分混合后充入高纯氩气作为保护气，在 ND7-2L 型行星式球磨机上进行机械球磨，球料比为 40：1，转速为 350r/min，为了考察球磨时间的影响，球磨时间分别设定为 80h、100h 和 120h。

8.1.2 电极制备及电化学性能测试

利用模拟电池法测试电极特性，将粉末样品制作成工作电极的方法如下：将球磨好的复合材料与羰基镍粉按 1：4 的比例称取 1g，在 25MPa 的压力下冷压成直径为 15mm 的圆形电极片后，用长 6cm、宽 2.5cm 的泡沫镍将电极片夹在中间，用 30MPa 的压力压紧，为防止电极片在测试过程中脱落，沿泡沫镍边缘全部点焊，并点焊上极耳。实验电池系统采用开口式三电极体系，其中工作电极（WE）为材料电极，参比电极（RE）为 Hg/HgO，辅助电极（CE）为 Ni(OH)$_2$/

NiOOH 高容量烧结式氢氧化镍电极，电解液为 6mol/L KOH 水溶液。测试前，材料电极先在电解液中浸泡 24h，使其充分浸润。然后以 40mA/g 的电流密度充电 20h，静置 10min，再以相同的电流密度放电，截至电压为 -0.5V（相对于 Hg/HgO），静置 10min 后，重复上述步骤，循环 15 次。整个测试过程均由 Land 电池测试系统通过计算机进行联机控制作业。测试时将电极系统置于恒温水浴中，水浴温度保持在 303K，波动幅度为 ±0.3K。采用 PARSTAT2273 电化学工作站测试材料电极的电化学阻抗谱。扫描频率为 10kHz ~ 5MHz，交流电位扰动幅度为 5mV。测试过程中，材料电极处于开路状态。

用 X 射线衍射仪（Cu Kα 辐射，波长 0.15418nm，管压 40kV，管流 20mA，扫描速度 2°/min）检测球磨样品的相结构。

8.2 检测结果与讨论

8.2.1 复合材料相结构

为了研究不同球磨时间及添加 CeO₂ 对复合材料相结构及电化学性能的影响，制备了 La₂Mg₁₇-200% Ni-y% CeO₂（y = 0，0.5）复合材料并选择球磨 80h、100h 和 120h。复合材料样品的 XRD 分析结果如图 8-1 所示。由图 8-1 可见，未添加 CeO₂ 的材料衍射峰随着球磨时间的延长，衍射强度先降低后增强，这说明随着球磨时间的不断增加，材料逐渐地非晶化，但当球磨时间增加到 120h 后，材料小颗粒发生团聚并有再次晶化的趋势。当球磨 80h 时，除了在 36°~50° 的非晶衍射峰外，在 45° 处出现金属态 Ni 的弱衍射峰。球磨 100h 时此峰消失，表明已经球磨充分，并形成了 La-Mg-Ni 非晶材料。而在复合材料中添加了 0.5% CeO₂ 催化剂的复合材料主相仍为非晶结构，未见有新的化合物生成。但加入 CeO₂ 后，Ni 衍射峰消失，复合材料的衍射强度均明显低于未添加催化剂的复合材料，材料的非晶化程度逐渐增大，这表明少量的金属氧化物 CeO₂ 的加入有利于非晶结构的形成。

8.2.2 复合材料电化学性能

不同球磨时间的 La₂Mg₁₇-200% Ni-y% CeO₂（y = 0，0.5）复合

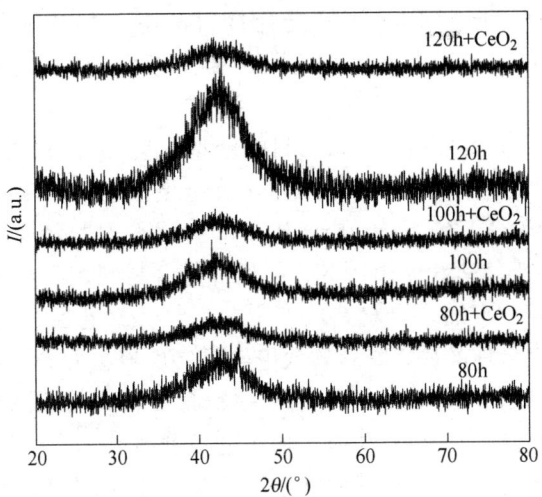

图 8-1　La_2Mg_{17} -200% Ni-y% CeO_2（$y=0$，0.5）
复合材料球磨不同时间的 XRD 图谱

材料，在充电电流密度为 40mA/g，恒温水浴 303K 时的充放电循环的充电电压特性曲线如图 8-2 所示。从图 8-2 中可以看出，复合材料充电电压在达到稳定时的电压值随着球磨时间的变化不大，而添

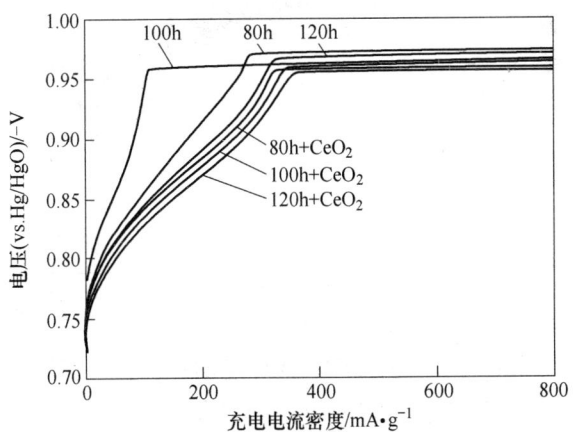

图 8-2　La_2Mg_{17} -200% Ni-y% CeO_2（$y=0$，0.5）
复合材料经不同球磨时间的充电电压特性曲线

加 CeO$_2$ 后，不同球磨时间的复合材料的电压值均明显降低，说明催化剂 CeO$_2$ 有效地降低了材料体内的电阻，提高了复合材料充电效率。

放电电压特性曲线是电极材料的重要性能之一，放电电压曲线的放电平台越长越平滑，表明材料的放电电压特性越好。图 8-3 为 La$_2$Mg$_{17}$-200% Ni-y% CeO$_2$ (y = 0, 0.5) 复合材料经不同球磨时间的放电电压特性曲线。由图 8-3 可见，复合材料均有明显的电压平台，而添加 CeO$_2$ 的复合材料放电平台更长，放电容量也显著提高。加入 CeO$_2$ 混合球磨后，材料的放电容量之所以会升高，可能是由于加入 CeO$_2$ 球磨后形成的 CeO$_2$ 纳米颗粒具有较高的缺陷密度，可作为氢分子裂解反应的催化位及氢原子的扩散通道[11,12]，且 CeO$_2$ 的加入，更有利于材料颗粒尺寸的减小及材料比表面积的增大，为材料表面电荷转移反应提供更多的活性位。

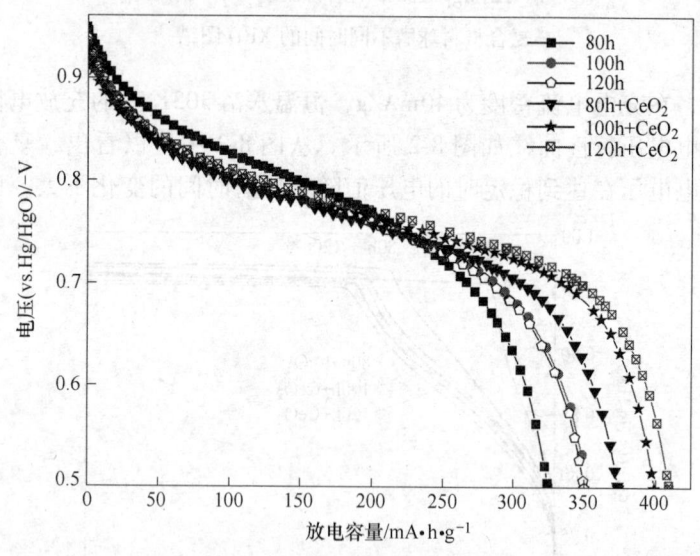

图 8-3   La$_2$Mg$_{17}$-200% Ni-y% CeO$_2$ (y = 0, 0.5)
复合材料经不同球磨时间的充电电压特性曲线

球磨 80h 的 La$_2$Mg$_{17}$-200% Ni-y% CeO$_2$(y = 0, 0.5, 1.0, 1.5, 2.0) 电极材料，根据理论电化学容量设定，充电电流密度为 200mA/g，

充电时间为 5h，恒温水浴 30℃，并在 60mA/g 的放电电流密度下放电，直至 −0.5V 为止。La$_2$Mg$_{17}$-200% Ni-y% CeO$_2$（y = 0, 0.5, 1.0, 1.5, 2.0）电极材料的首次充放电循环的放电电压特性曲线如图 8-4 所示。放电电压特性曲线是电极材料的重要性能之一，放电电压曲线的放电平台越长越平滑，表明材料的放电电压特性越好。从图 8-4 中可以看出，电极材料 La$_2$Mg$_{17}$-200% Ni 中加入 CeO$_2$ 后，其放电电压呈现明显的电压平台，而随着 CeO$_2$ 添加量的增加，材料的最大放电容量先增大后减小。当加入 CeO$_2$ 为 1.0% 时，使 La$_2$Mg$_{17}$-200% Ni 电极材料的最大放电容量从 980.7mA·h/g 提高到 1182.0mA·h/g。加入 CeO$_2$ 混合球磨后，材料的放电容量之所以会升高，是因为 CeO$_2$ 具有较高的活性，进入材料的空隙和狭缝，为 H$^+$ 的扩散提供了更多的通道。但过多的 CeO$_2$ 的加入，可能会在材料表面形成钝化膜，增大材料表面的电阻，反而不利于放电进行。

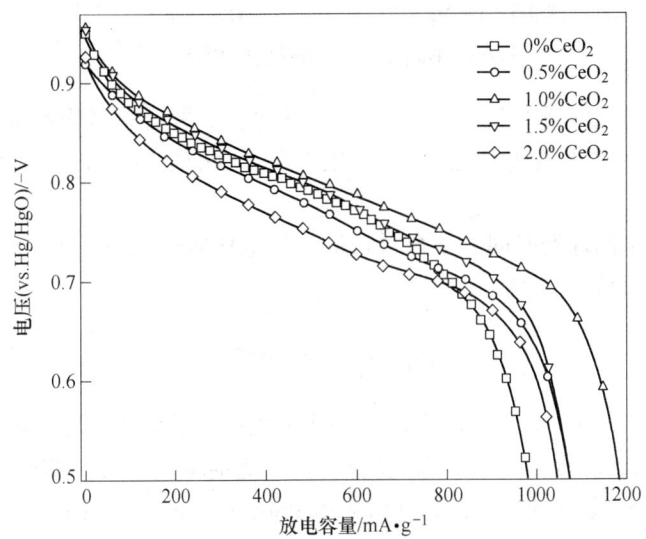

图 8-4 La$_2$Mg$_{17}$-200% Ni-y% CeO$_2$（y = 0, 0.5, 1.0, 1.5, 2.0）
复合材料放电电压特性曲线

如图 8-5 所示为不同球磨时间的 La$_2$Mg$_{17}$-200% Ni-y% CeO$_2$（y = 0, 0.5）复合材料，充电电流密度为 40mA·h/g 时的复合材料循环次

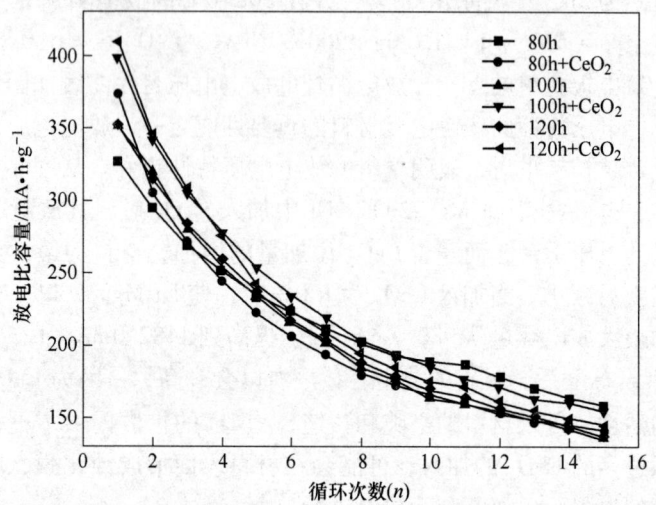

图 8-5 La_2Mg_{17}-200% Ni-y% CeO_2 ($y = 0$, 0.5)
材料经不同球磨时间的放电比容量曲线

数与放电比容量的关系曲线。由图 8-5 可见，复合材料均在第一次循环即可达最大放电比容量，表明经球磨后的复合材料的活化性能较好。

经不同球磨时间的复合材料最大放电比容量以及经 15 次循环后的容量保持率 S_n 为：

$$S_n = \frac{C_n}{C_{max}} \times 100\% \tag{8-1}$$

式中，C_{max} 为最大放电比容量；C_n 为 n 次循环后的放电比容量。由表 8-1 可知，La_2Mg_{17}-200% Ni 复合材料球磨时间为 80h、100h 和 120h 时，最大放电比容量分别为 326.9mA · h/g、352.1mA · h/g 和 352.6mA · h/g，而添加 CeO_2 后的复合材料最大放电比容量分别为 373.5mA · h/g、398.8mA · h/g 和 409.8mA · h/g，添加 CeO_2 对材料的放电比容量的影响非常大，但材料的循环稳定性并未有较大的改善，有的甚至会降低。这可能是由于 CeO_2 的加入增大了材料样品的缺陷和比表面积，提供了更多的通道而增加了其放电容量，而由于材料颗粒的减小而增加了材料与碱溶液的接触机会，从而加速了材料的腐蚀进程。

表 8-1 添加催化剂前后复合材料不同球磨时间的最大放电比容量 C_{max} 及循环容量保持率 S_n

合 金	球磨时间/h	C_{max} /mA·h·g^{-1}	C_{15} /mA·h·g^{-1}	S_{15}/%
La$_2$Mg$_{17}$-200% Ni	80	326.9	159.1	48.67
La$_2$Mg$_{17}$-200% Ni-CeO$_2$	80	373.5	141.8	37.97
La$_2$Mg$_{17}$-200% Ni	100	352.1	134.9	38.31
La$_2$Mg$_{17}$-200% Ni-CeO$_2$	100	398.8	154.8	38.82
La$_2$Mg$_{17}$-200% Ni	120	352.6	137.4	38.97
La$_2$Mg$_{17}$-200% Ni-CeO$_2$	120	409.8	145.1	35.41

加入 CeO$_2$ 后，有效地改善了电极材料的放电容量，CeO$_2$ 对循环寿命的影响如何呢？如图 8-6 所示为 La$_2$Mg$_{17}$-200% Ni-y% CeO$_2$ (y = 0, 0.5, 1.0, 1.5, 2.0）电极材料循环 20 次的寿命曲线。由图 8-6 可见，电极材料均在第一次循环即可达最大放电比容量，表明经球磨

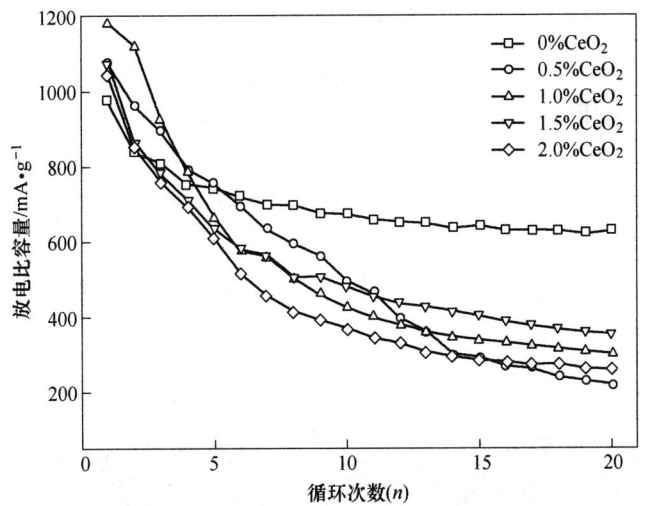

图 8-6 La$_2$Mg$_{17}$-200% Ni-y% CeO$_2$ (y = 0, 0.5, 1.0, 1.5, 2.0）材料电极充放电循环寿命曲线

后的电极材料的表面有较好的催化活性。

加入不同量的纳米 CeO$_2$，对 La$_2$Mg$_{17}$-200% Ni 材料的最大放电容量和容量保持率的影响列于表 8-2。由表 8-2 可见，添加 CeO$_2$ 使 La$_2$Mg$_{17}$-200% Ni 材料的放电比容量均有了一定程度的提高，但材料的循环稳定性并未得到改善，反而降低。这可能是由于 CeO$_2$ 的加入增大了材料样品的缺陷和比表面积，增加了材料与碱液的接触面，加速了材料的氧化。

表 8-2   添加纳米 CeO$_2$ 前后电极材料的最大放电比容量 C_{max} 及循环容量保持率 S_n

合　金	$C_{max}/\text{mA} \cdot \text{h} \cdot \text{g}^{-1}$	$C_{20}/\text{mA} \cdot \text{h} \cdot \text{g}^{-1}$	$S_{20}/\%$
La$_2$Mg$_{17}$-200% Ni	980.7	629.1	64.15
La$_2$Mg$_{17}$-200% Ni-0.5% CeO$_2$	1077.6	219.4	20.36
La$_2$Mg$_{17}$-200% Ni-1.0% CeO$_2$	1182.0	302.8	25.62
La$_2$Mg$_{17}$-200% Ni-1.5% CeO$_2$	1071.5	355.5	33.17
La$_2$Mg$_{17}$-200% Ni-2.0% CeO$_2$	1044.9	259.7	24.86

8.2.3   复合材料的动力学性能

镁基材料最大的缺点就是反应动力学缓慢，而高倍率放电性能（HRD）可以评价材料的动力学性能。图 8-7 是 La$_2$Mg$_{17}$-200% Ni-y% CeO$_2$（y = 0.5，1.0，1.5，2.0）电极材料的最大放电容量与放电电流密度关系图。从图 8-7 中可以看出，随着放电电流密度的增大，材料的放电容量减小。在 HRD_{1200} 时，随着 CeO$_2$ 加入量越多，HRD 下降越快，具体如表 8-3 所示。

表 8-3   La$_2$Mg$_{17}$-200% Ni-y% CeO$_2$（y = 0.5，1.0，1.5，2.0）电极材料动力学相关数据

合　金	HRD_{1200}	$R_{ct}/\text{m}\Omega$	E_{corr}/V	$I_L/\text{mA} \cdot \text{g}^{-1}$
La$_2$Mg$_{17}$-200% Ni-0.5% CeO$_2$	42.99	87.09	−0.94503	2427.83
La$_2$Mg$_{17}$-200% Ni-1.0% CeO$_2$	31.15	81.94	−0.83955	2560.83
La$_2$Mg$_{17}$-200% Ni-1.5% CeO$_2$	38.17	95.92	−0.81568	2424.83
La$_2$Mg$_{17}$-200% Ni-2.0% CeO$_2$	26.87	140.90	−0.82434	2225.60

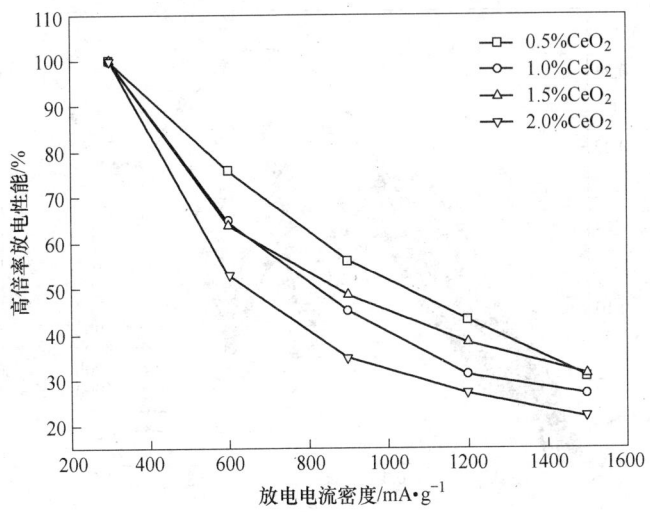

图 8-7 La_2Mg_{17}-200% Ni-y% CeO_2 ($y = 0.5$, 1.0, 1.5, 2.0)
电极材料高倍率放电曲线

La_2Mg_{17}-200% Ni-y% CeO_2 ($y = 0$, 0.5) 复合材料经不同球磨时间的交流阻抗曲线（EIS）如图 8-8 所示。其中，所有的复合材料的 EIS 图均由高频区的小半圆、中频区的大半圆和低频区的 Warburg 曲线三部分组成。Kuriyama N 等[13]认为材料电极高频区的小半圆主要对应于材料颗粒之间或电极片与集流体之间的接触阻抗，中低频区的大半圆则对应于材料电极表面的电荷转移反应阻抗，而低频区的斜线则反映了材料体相内氢的扩散阻抗（Warburg 阻抗）。可见曲线中的小半圆是电解液溶液与电极板的不同而产生的误差，为了更准确地表明材料表面的电化学反应的电荷迁移电阻 R_{ct}，对材料的 EIS 图进行了等效电路图拟合，R_{el} 为溶液电阻；R_{cp} 及 C_{cp} 为电极的集流体与电极片之间的接触电阻和电容；R_{pp} 及 C_{pp} 为材料颗粒之间以及材料颗粒与黏结的金属之间的接触电阻和电容；R_{ct} 及 C_{ct} 为材料表面的电化学反应电阻和材料表面的双电层电容（对应于低频区的大半圆）；R_w 为 Warburg 阻抗，属于氢原子由表面向体相扩散的过程，属于扩散控制区。其对应的电阻值见表 8-4。

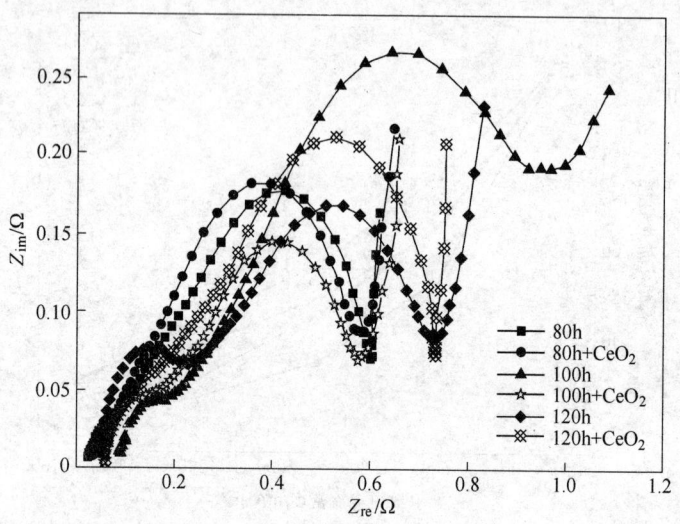

图 8-8　La₂Mg₁₇-200% Ni-y% CeO₂ （y = 0, 0.5）
复合材料经不同球磨时间的交流阻抗曲线

表 8-4　La₂Mg₁₇-200% Ni-y% CeO₂ （y = 0, 0.5）
复合材料等效电路模拟拟合数据

球磨时间/h	R_{el}/mΩ	R_{cp}/mΩ	R_{pp}/mΩ	R_{ct}/mΩ
80	48.83	599.80	89.25	189.70
80 （+CeO₂）	64.72	158.20	600.50	54.47
100	168.50	163.80	813.70	227.60
100 （+CeO₂）	108.50	477.80	141.60	174.30
120	89.04	223.70	247.80	599.90
120 （+CeO₂）	101.60	694.70	116.70	240.20

　　可见材料表面电化学反应的电荷迁移电阻随着球磨时间的增加而
增加，而加入 CeO₂ 后，材料表面电化学反应的阻抗均显著的减小，
是因为 CeO₂ 导致非晶化结构有利于电子扩散到材料表面，促进贮氢
反应进行，提高贮氢材料的电催化活性[14]，有利于材料表面的氢原

子失去一个电子与电解液中的 OH⁻ 结合成水，改善其放电比容量。而材料表面较小的电荷迁移阻抗也促进了 Mg 与 KOH 电解溶液的反应从而导致材料循环稳定性的降低，与表 8-1 的结论一致。

La_2Mg_{17}-200% Ni-y% CeO_2（y = 0.5，1.0，1.5，2.0）电极材料的交流阻抗曲线（EIS）如图 8-9 所示。其中，所有的电极材料的 EIS 图均由高频区的小半圆、中频区的大半圆和低频区的 Warburg 曲线三部分组成。由图 8-9 可见图中小半圆几乎全部重合，这是因为使用了相同的电解液溶液和制备方法导致。而大半圆的半径变化非常大，从图中可以看出中频区的大半圆的大小顺序为：2.0% > 1.5% > 0.5% > 1.0%。而图中 Warburg 曲线非常小，表明在含 CeO_2 的 La_2Mg_{17}-200% Ni 材料中表面扩散是主要的控速步骤。为了更准确地表明材料表面的电化学反应的电荷迁移电阻 R_{ct}，对材料的 EIS 图进行了等效电路图拟合，拟合结果如表 8-3 所示。

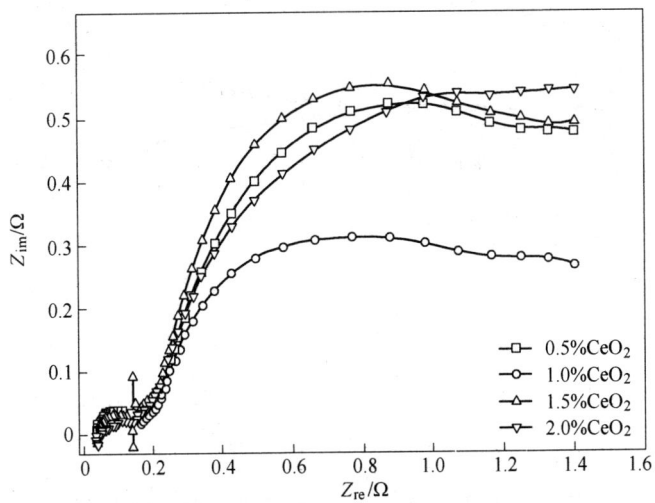

图 8-9　La_2Mg_{17}-200% Ni-y% CeO_2（y = 0.5，1.0，1.5，2.0）
复合材料的交流阻抗曲线

图 8-9 中的中频区的大半圆有先减小后增大的趋势，经过等效电路图拟合后的 R_{ct} 值（表 8-3）也呈现同样一个规律。材料表面电化

学反应的电荷迁移电阻随着纳米 CeO₂ 的增加而先减小后增大。这可能是因为加入 CeO₂ 后激活材料表面，提供更多的比表面积，减小了材料表面的电阻，但是过量的 CeO₂ 可能会附在材料表面上，形成一种钝化膜而使材料表面的电荷迁移电阻 R_{ct} 增加了。

图 8-10 为 La₂Mg₁₇-200% Ni-y% CeO₂（y = 0.5，1.0，1.5，2.0）电极材料的动电位极化曲线，表征材料充放电过程中 H 在材料体向内的扩散速率。图中阳极分支的极限电流密度 I_L 列于表 8-3，结果表明材料体向内扩散速率差距不大，其中，La₂Mg₁₇-200% Ni-1.0% CeO₂ 材料的体向内扩散速率最快。

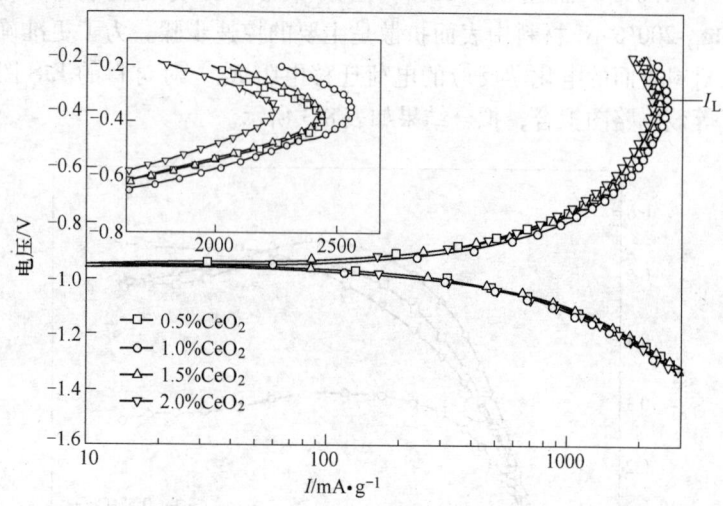

图 8-10 La₂Mg₁₇-200% Ni-y% CeO₂（y = 0.5，1.0，1.5，2.0）
电极材料动电位极化曲线

Tafel 曲线是检测其抗腐蚀能力的重要手段，图 8-11 为 La₂Mg₁₇-200% Ni-y% CeO₂（y = 0.5，1.0，1.5，2.0）材料电极满充时的 Tafel 极化曲线，图中已经标出其腐蚀电位 E_{corr}，测试结果表明 La₂Mg₁₇-200% Ni-1.5% CeO₂ 材料具有最好的抗腐蚀性能，再一次证实过量的 CeO₂ 形成钝化膜的观点，其结论与表 8-3 中材料的容量保持率结果一致。

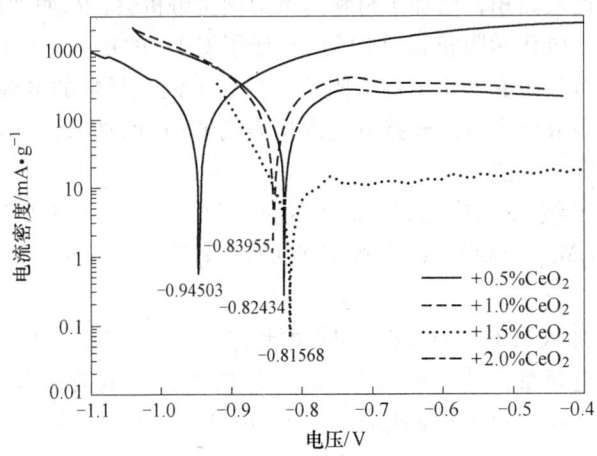

图 8-11　La$_2$Mg$_{17}$-200% Ni-y% CeO$_2$(y = 0.5, 1.0, 1.5, 2.0)
材料电极满充时的 Tafel 极化曲线

8.3　本章小结

　　本章通过对 La$_2$Mg$_{17}$-200% Ni-y% CeO$_2$(y = 0, 0.5）复合材料
经球磨 80h、100h 和 120h 的 XRD 分析表明 La$_2$Mg$_{17}$-200% Ni 材料经
球磨后衍射强度降低，衍射峰宽化，球磨 80h 的材料在 45°处出现金
属 Ni 的弱衍射峰，随着球磨时间延长到 100h，Ni 衍射峰消失，材
料完全非晶化。而添加 CeO$_2$ 促进其非晶化进程，使不同球磨时间
材料均达到完全非晶态。复合材料电化学性能研究发现：添加
CeO$_2$ 后 80h、100h 和 120h 球磨下，La$_2$Mg$_{17}$-200% Ni 复合材料的
放电比容量从 326.9mA·h/g、352.1mA·h/g 和 352.6mA·h/g 提
高到 373.5mA·h/g、398.8mA·h/g 和 409.8mA·h/g，大约提高
40mA·h/g，这可能是因为加入 CeO$_2$ 形成的非晶化材料，产生较多
缺陷、较大比表面积和活性位，形成较多 H$^+$ 扩散的通道，有效地提
高了材料电极反应速率。

　　但 CeO$_2$ 的加入对复合材料充放电循环稳定性的改善并不明显，
个别材料稳定性甚至会降低，这可能是 CeO$_2$ 的加入增大了材料样品

的缺陷和比表面积，增加了材料与碱溶液接触机会，从而加速了材料腐蚀进程。电化学阻抗谱（EIS）验证了 CeO$_2$ 的加入，实质是有效地降低了材料表面电化学反应阻抗，提高了贮氢材料的电催化活性，有助于提高放电容量。开路电位图也表明 CeO$_2$ 的加入，不利于提高材料的抗腐蚀性能。

考察了纳米 CeO$_2$ 添加量分别为 0.5%、1.0%、1.5%、2.0% 时，对 La$_2$Mg$_{17}$-200% Ni 电极材料的电化学性能的影响。有以下结论：

（1）加入纳米 CeO$_2$ 均不同程度地增加了 La$_2$Mg$_{17}$-200% Ni 材料的最大放电容量，其中加入 1.0% CeO$_2$ 时可以使电极材料的最大放电容量从 980.7mA·h/g 提高至 1182.0mA·h/g。但纳米 CeO$_2$ 对其循环保持率的提高没有积极作用。

（2）纳米 CeO$_2$ 对 La$_2$Mg$_{17}$-200% Ni 材料表面的影响很大，随着加入量的提高电极材料的表面电荷迁移电阻 R_{ct} 先减小后增大，可能是由于活性粒子 CeO$_2$ 在 La$_2$Mg$_{17}$-200% Ni 材料，活化表面，增大了比表面积，但过量的 CeO$_2$ 又会附在材料表面形成钝化膜，不利于 H$^+$ 在材料表面的电荷传递导致的。当加入量为 1.0% 时在材料表面的电荷迁移速率最快。材料体相内的扩散速率检测中极限电流密度 I_L 表明，加入量为 1.0% 时在体相内的扩散速率最快。良好的动力学性能是导致 La$_2$Mg$_{17}$-200% Ni-1.0% Ni 的放电容量最大的主要原因。

（3）满充状态下的 Tafel 曲线表明：加入 CeO$_2$ 量为 1.5% 时，材料的腐蚀电位最大，说明 La$_2$Mg$_{17}$-200% Ni-1.5% CeO$_2$ 材料的抗腐蚀性能最好，再一次证实过量的 CeO$_2$ 形成钝化膜的观点，结论与电化学充放电循环过程中的容量保持率结果一致。

参 考 文 献

［1］ Slattery D K. The hydriding-dehydriding characteristics of La$_2$Mg$_{17}$［J］. International Journal of Hydrogen Energy, 1995, 20: 971~973.

［2］ Cross K J, Spatz P, Zuttel A, et al. Mechanically milled Mg composites for hydrogen storage: the transition to a steady state composition［J］. Journal of Alloys and Compounds, 1996, 240: 206~213.

［3］ Dutta K, Srivastava O N. Investigation on synthesis, characterization and hydrogenation behavior of the $La_2 Mg_{17}$ intermetallic [J]. International Journal of Hydrogen Energy, 1990, 15 (5): 341 ~344.

[4] Kohno T, Yoshida H, Kawashima F, et al. Hydrogen storage properties of new ternary system alloy: $La_2 MgNi_9$, $La_5 Mg_2 Ni_{23}$, $La_3 MgNi_{14}$ [J]. J Alloys Compd, 2000, 311: L5 ~ L7.

[5] Khrussanova M, Terzieva M, Peshev P. On the hydriding kinetics of the alloys $La_2 Mg_{17}$ and $La_{2-x} Ca_x Mg_{17}$ [J]. International Journal of Hydrogen Energy, 1986, 11: 331 ~334.

[6] Gao X P, Wang Y, Lu Z W, et al. Preparation and electrochemical hydrogen storage of the nanocrystalline $LaMg_{12}$ alloy with Ni powders [J]. Chemistry of Materials, 2004, 16: 2515 ~ 2517.

[7] Wang Y, Qiao S Z, Wang X. Electrochemical hydrogen storage properties of the ball-milled $PrMg_{12-x} Ni_x + 150\%$ （质量分数） $Ni(x = 1,2)$ composites [J]. International Journal of Hydrogen Energy, 2008, 33(19): 5066 ~5072.

[8] Zhang X B, Sun D Z, Yin W Y, et al. Effect of La/Ce ratio on the structure and electrochemical characteristics of $La_{0.7-x} Ce_x Mg_{0.3} Ni_{2.8} Co_{0.5}$ ($x = 0.1 \sim 0.5$) hydrogen storage alloys [J]. Electrochimica Acta, 2005, 50: 1957 ~1964.

[9] Dong Z W, Ma L Q, Wu Y M, et al. Microstructure and electrochemical hydrogen storage characteristics of $(La_{0.7} Mg_{0.3})_{1-x} Ce_x Ni_{2.8} Co_{0.5}$ ($x = 0 \sim 0.20$) electrode alloys [J]. International Journal of Hydrogen Energy, 2011, 36: 3016 ~3021.

[10] Pan H G, Jin Q W, Gao M X, et al. Effect of the cerium content on the structural and electrochemical properties of the $La_{0.7-x} Ce_x Mg_{0.3} Ni_{2.875} Mn_{0.1} Co_{0.525}$ ($x = 0 \sim 0.5$) hydrogen storage alloys [J]. Journal of Alloys and Compounds, 2004, 373: 237 ~245.

[11] Henrieh V E. Ultraviolet Photoemission stodies of wt. eeular adsorption on oxide surfaces [J]. Progress in Surface Science, 1979, 9: 143 ~ 164.

[12] Henrieh V. The surfaces of metal oxides [J]. Reports on Progress in Physics, 1985, 48: 1481 ~ 1541.

[13] Kuriyama N, Sakai T, Miyamura H, et al. Electrochemical impedance behavior of metal hydride electrodes [J]. Journal of Alloys and Compounds, 1993, 202: 183 ~ 197.

[14] 谢中伟. 表面覆铜贮氢材料电极的电催化活性 [J]. 中国有色金属学报, 1997, 7 (2): 56 ~59.